细胞工程模块实验教程

詹亚光　齐凤慧　滕春波　编

科学出版社
北　京

内 容 简 介

本书为高等学校细胞工程实验教学用书，由 7 个模块组成。第一模块为细胞工程的基础技术；第二模块为植物组织培养及快速繁殖技术；第三模块为植物细胞悬浮培养技术；第四模块为植物体细胞胚发生；第五模块为植物原生质体的分离与融合；第六模块为植物细胞生物反应器与细胞次生代谢；第七模块为动物细胞工程。本书体系完整合理、内容成熟新颖，大部分实验内容结合教师的科研成果，力求图文并茂、简明直观地勾勒出一些细胞工程实验的基本原理和方法，便于读者学习和掌握。

本书可供林学、生物学、生物工程、生物技术等专业学生使用，也可供相关领域的教学和科研人员参考使用。

图书在版编目（CIP）数据

细胞工程模块实验教程/ 詹亚光，齐凤慧，滕春波编. —北京：科学出版社，2012

ISBN 978-7-03-032923-3

Ⅰ. ①细… Ⅱ. ①詹…②齐…③滕… Ⅲ. ①细胞工程-实验-高等学校-教材 Ⅳ. ①Q813-33

中国版本图书馆 CIP 数据核字(2011)第 247859 号

责任编辑：王玉时 丛 楠/责任校对：张怡君

责任印制：张 伟/封面设计：迷底书装

科 学 出 版 社 出版

北京东黄城根北街 16 号

邮政编码：100717

http://www.sciencep.com

北京厚诚则铭印刷科技有限公司 印刷

科学出版社发行 各地新华书店经销

*

2012 年 1 月第 一 版 开本：720×1000 1/16

2023 年 7 月第七次印刷 印张：10 1/4

字数：210 000

定价：39.00 元

（如有印装质量问题，我社负责调换）

前　言

教育、科技、人才是全面建设社会主义现代化国家的基础性、战略性支撑。必须坚持科技是第一生产力、人才是第一资源、创新是第一动力，深入实施科教兴国战略、人才强国战略、创新驱动发展战略，开辟发展新领域新赛道，不断塑造发展新动能新优势。

细胞工程是现代生物工程技术中最具生命力的组成部分之一，其应用领域广泛，涉及农业、食品、医药、化工和能源等许多方面。因此，细胞工程课程在生物工程与生物技术人才培养中具有重要的作用。目前越来越多的科技工作者开始或正在从事细胞工程领域的开发工作，一些高校的生命科学或医学等专业也开始重视这方面的教育。但是目前关于细胞工程实验教学的书籍极少，尤其是以木本植物为主要试材的更为少见。虽然近几年来出现了一些关于植物细胞或组织培养方面的实验书籍，但其范围难以全面体现细胞工程技术的知识体系。鉴于上述原因，需要有一本系统反映细胞工程基本原理、技术方法、注意事项和最新研究发展，突出介绍操作难度较大的树木细胞工程技术的书籍作为高校实验教材或供科研工作参考。本书就是在这样的指导思想下产生的，希望能起到抛砖引玉的作用。

本书以模块的形式组成，共包括 7 个模块，每个模块又由几个相互衔接的实验组成，包括实验目的、实验原理、实验准备、实验方法、实验结果、注意事项等内容。第一模块为细胞工程的基础技术；第二模块为植物组织培养及快速繁殖技术；第三模块为植物细胞悬浮培养技术；第四模块为植物体细胞胚发生；第五模块为植物原生质体的分离与融合；第六模块为植物细胞生物反应器与细胞次生代谢；第七模块为动物细胞工程。

本书具有以下特色：

（1）以细胞工程的关键技术和应用为主线，将全书分为 7 个模块，每个模块的实验内容相互联系，力争全面系统地介绍基本的和最新的内容，使学生通过实验能够理解并掌握研究内容，提高学生的研究能力。

（2）大部分实验内容结合教师的科研成果，将最新的科研成果和技术引入实验教学中，对培养学生的创新能力、创业意识和创业方向都很有帮助。

（3）每个模块都设有注意事项、建议及知识点，能够提高学生实验操作中的成功率，并丰富学生的实践经验，使他们尽快掌握技巧。

（4）本书力求图文并茂、简明直观地勾勒出一些基本原理和方法。

本书成书过程得到了科学出版社编辑的帮助，在此深表谢意。同时，非常感谢东北林业大学生命科学学院由香玲副教授的支持，她为本书提供了精美的图片。此外，本书引用和参考了一些文字资料和图片，在此向有关作者表示衷心的感谢。

限于编者的学识和水平，本书在内容和形式上难免有疏漏的地方，我们殷切希望使用本书的师生和其他读者指正。

编　者

2011 年 6 月于东北林业大学

目　　录

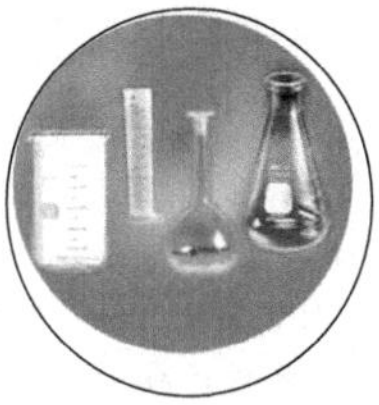

1. 模块一

细胞工程的基础技术

细胞工程研究的主要内容是细胞的培养和细胞的遗传操作，因此，需要建立一个能够开展细胞培养工作的实验室。同时，细胞培养要求在无菌条件下进行，所以，还要掌握实验仪器设备的使用、器械消毒和外植体灭菌方法，以保证细胞培养的顺利进行。

1.1 细胞培养实验室常用仪器及设备

1.1.1 实验目的

了解细胞培养实验室仪器设备，掌握各种仪器的使用方法。

1.1.2 细胞工程实验室的设置

细胞工程实验室一般要包括图 1-1 所示的准备室、培养室、无菌操作室、显微镜室和精密仪器室等部分，还须有鉴定室和驯化移栽室等。

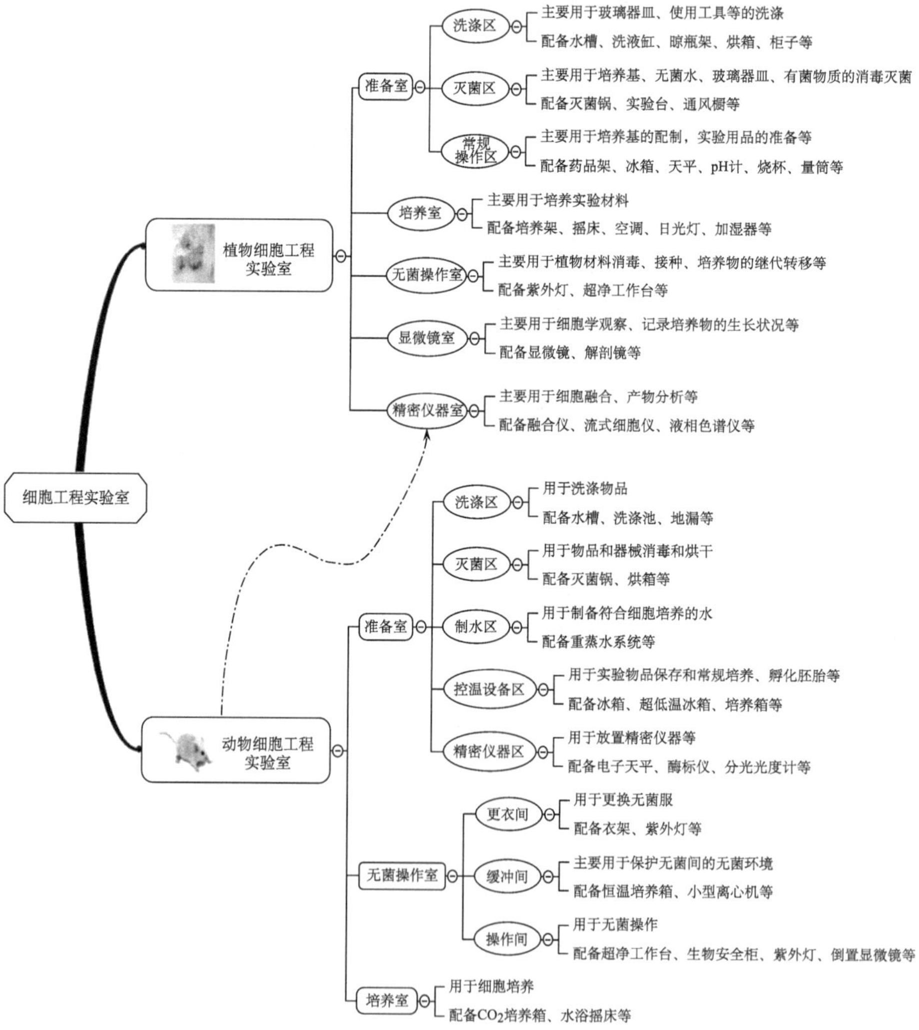

图 1-1 细胞工程实验室组成示意图

细胞工程常用的仪器设备有：

（1）高压灭菌锅。高压蒸汽灭菌法是目前灭菌效果最好、应用范围最广的灭菌方法。该方法是在一个密闭蒸锅——高压灭菌锅（图 1-2）内进行的。加热时蒸汽不能外溢，容器内温度随蒸汽压的增加而升高，杀菌力也大为增强。通常在 0.15MPa 的压力下，其温度可达 121℃，维持该温度 15～30min，可杀死包括细菌芽孢在内的所有微生物。此法适用于耐高温和不怕潮湿物品的灭菌。高压灭菌锅是目前实验室最常用的灭菌仪器，广泛用于培养基、玻璃及金属器皿和带菌废弃物的灭菌。

图 1-2　高压灭菌锅

（2）显微镜。显微镜（图 1-3）和放大镜起着同样的作用，就是把近处的微小物体成一放大的像，以供人眼观察，只是显微镜较放大镜可以具有更高的放大率。物体 AB 位于物镜前方，离物镜的距离为物镜焦距的 1～2 倍。所以，它经物镜以后，形成一个倒立的放大实像 A′B′。A′B′位于靠近两倍焦距的位置上，再经目镜放大为虚像 A″B″后供人眼观察。目镜的作用与放大镜一样，不同的是人眼通过目镜看到的不是物体本身，而是物体经物镜后形成的放大了一次的像。显微镜通常用来观察细胞形态、结构、细胞密度等。

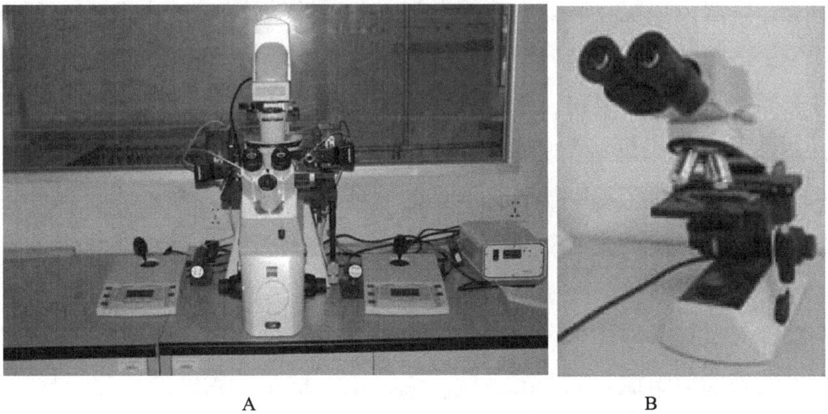

A　　B

图 1-3　显微镜

A. 倒置显微镜；B. 正置显微镜

(3) 恒温水浴锅。恒温水浴锅（图 1-4）传感器将水槽内水的温度转换为电阻值，电阻值经过集成放大器的放大、比较后，成为输出控制信号，有效地控制电加热管的平均加热功率，使水槽内的水保持恒温。恒温水浴锅在细胞工程实验中通常用于细胞次生代谢产物的提取。

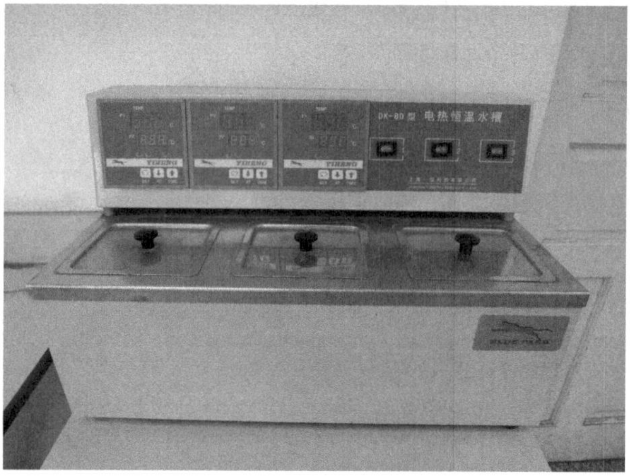

图 1-4　三孔电热恒温水浴锅

(4) 电热鼓风干燥箱。电热鼓风干燥箱（图 1-5）主要由箱体、电加热器、温控仪、风机、风对流循环风道、进风风道、出风风道和出风口大小调节装置等组成。电加热器进行加热；温控仪控制和显示温度；风机的作用是使干燥箱内的空气水平或垂直地对流循环，箱内空气被吹送到电加热器上加热后回到工作室，然后由工作室吸入风机再吹到电热管上加热，不断循环加热的同时也使箱内温度更加均匀。电热鼓风干燥箱广泛用于机电、化工、塑料、轻工等行业和科研单位对各种产品、试品进行烘培、干燥、固化、热处理及其他方便的加热。其具体用途有：玻璃器皿的干燥；实验样本、食品、化学物质的热变性、热硬化、热软化、水分排除；生物工程中器皿、器具的干热杀菌。

(5) 移液器。可调式移液器（图 1-6），简称移液器，是连续可调的通用微量移液器，适用于液体的精确取样和转移。移液器采用空气置换原理，利用可拆卸的一次性吸头转移液体。移液器由定位部件、容量调节指示部分、推顶装置、活塞套和吸液嘴等组成，采用高强度、无污染、抗化学腐蚀的高分子材料制成。移液器的常用量程为 10～1000μL。

图 1-5　电热鼓风干燥箱

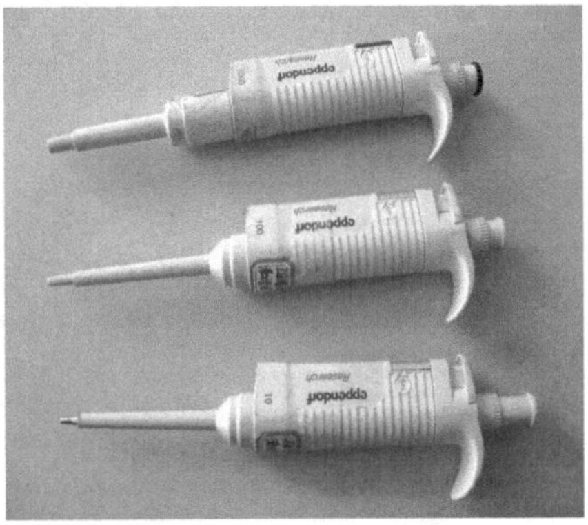

图 1-6　不同量程的移液器

(6) 电子分析天平。电子分析天平（图 1-7）可按称量范围和最小分度值分为常量电子分析天平（100～200g 和 0.01～1mg）、半微量电子分析天平（30～100g 和 1～10g）、微量电子分析天平（3～30g 和 0.1～1g）和超微量电子分析天平（3～5g 和 0.1g 以下）。

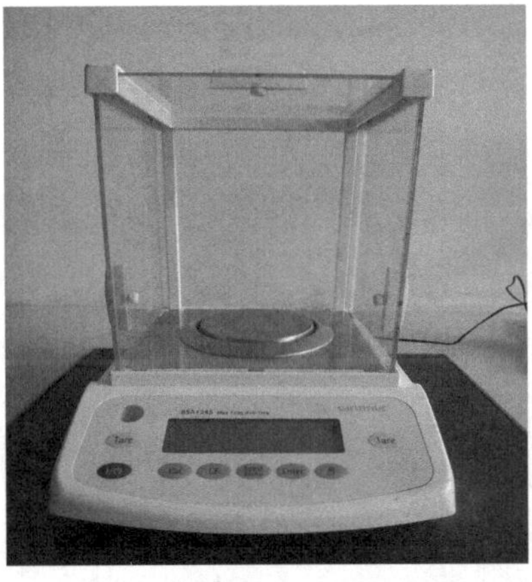

图 1-7　电子分析天平

(7) 细胞融合仪。细胞融合仪（图 1-8）是利用一定值的频率、电压的交流电场，使处于一定间隔的、平行的两电极间的原生质体排列成串珠状。再利用定值的高压直流脉冲电场对细胞膜造成可逆击穿，从而诱导相互接触的细胞发生融合。它可以满足所有体外和体内电穿孔研究的需要，并可对预处理的动、植物细胞进行融合。该仪器适用于细胞杂交，可在倒置显微镜下直接进行观察，可用于微生物学、动物医学、生物工程等方面的研究。与传统的化学融合方法相比，它具有对细胞无毒性、融合效率高、方便快速等特点。

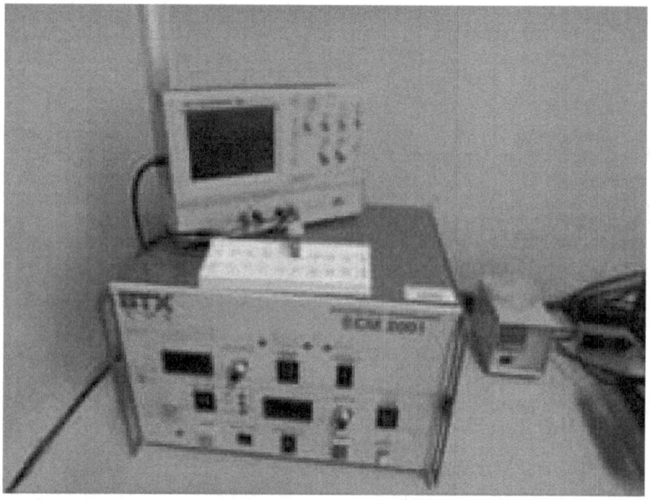

图 1-8　细胞融合仪

（8）高效液相色谱仪。高效液相色谱仪的系统由储液器、泵、进样器、色谱柱、检测器、记录仪等几部分组成（图 1-9）。储液器中的流动相被泵入系统，样品溶液经进样器进入流动相，被流动相载入色谱柱（固定相）内，由于样品溶液中的各组分在两相中具有不同的分配系数，在两相中做相对运动时，经过反复多次的吸附-解吸的分配过程，各组分在移动速度上产生较大的差别，被分离成单个组分依次从柱内流出，通过检测器时，样品浓度被转换成电信号传送到记录仪，数据以图谱形式打印出来。高效液相色谱仪具有高分辨率、高灵敏度、速度

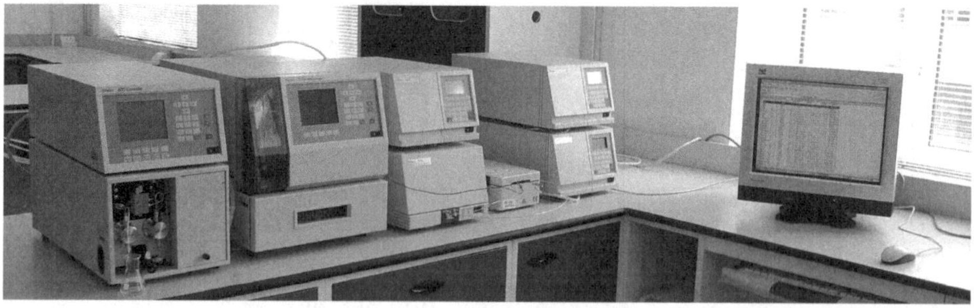

图 1-9　高效液相色谱仪

快、色谱柱可反复利用、流出组分易收集等优点，因而被广泛应用于生物化学、食品分析、医药研究、环境分析、细胞工程等各种领域，在细胞工程领域主要用于细胞产物的分析。

（9）流式细胞仪。流式细胞仪（flow cytometer，FCM）包括流动室及液流驱动系统，激光光源及光束成形系统，光学系统，信号检测与存储、显示、分析系统和细胞分选及浓缩系统 5 个部分。流动室是仪器核心部件，被测样品在此与激光相交。流动室由石英玻璃制成，中央有一长方形小孔，供单个细胞通过。FCM 用于免疫组织化学研究，关键是对细胞进行免疫荧光染色，将待测细胞染色后制成单细胞悬液。用一定压力将待测样品压进活动室，不含细胞的磷酸缓冲液在高压下从鞘液管喷出，鞘液管进口方向与待测样品形成一定角度，这样，鞘液就能够包绕着样品高速活动，组成一个圆形的流束，待测细胞在鞘液的包被下单行排列，依次通过检测区域，从而得到准确的细胞荧光信息。

（10）二氧化碳培养箱。二氧化碳培养箱（图 1-10）是通过在培养箱箱体内模拟形成一个类似细胞/组织在生物体内的生长环境，如稳定的温度（37℃）、稳定的 CO_2 水平（5%）、恒定的酸碱度（pH7.2～7.4）、较高的相对饱和湿度（95%），来对细胞或组织进行体外培养的一种装置。二氧化碳培养箱广泛应用于细胞、组织培养和某些特殊微生物的培养，是开展免疫学、肿瘤学、遗传学及生物工程所必需的关键设备，在细胞工程领域主要应用于哺乳动物细胞分泌物的收集，各种物理、化学因素的致癌或毒理效应，体外授精（*in vitro* fertilization，IVF），干细胞药物筛选等。

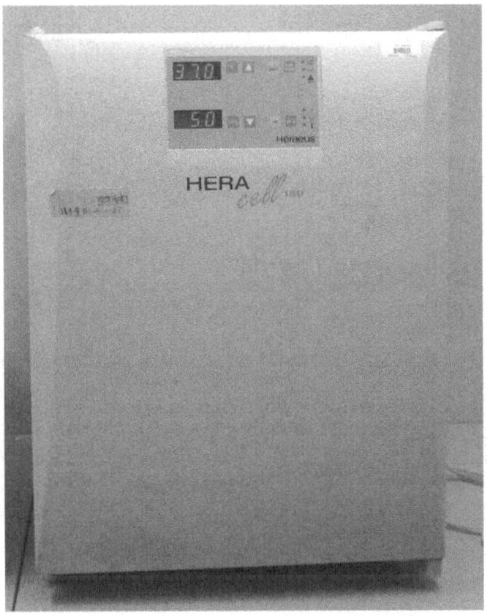

图 1-10　二氧化碳培养箱

细胞工程常用的仪器设备还包括摇床、分光光度计、超净工作台等一些常规的设备。

1.1.3　实验内容

在老师的指导下，进行各仪器的操作训练，熟练掌握各仪器的使用技术。

1.1.4 注意事项与建议

（1）认识和熟悉各种设备和仪器，在老师的示范下掌握各仪器的用法后，才可以自己动手操作。

（2）按照仪器的用途进行分类，有利于记忆并较快地掌握本实验内容。

1.2 细胞培养用品的清洗、消毒与灭菌

体外人工培养的细胞缺乏抗感染能力，所以能否防止污染是决定培养成败的关键。即便使用设备完善的实验室，若实验者粗心大意，技术操作不规范，也会导致细胞污染。无菌技术的原理是阻止无菌的、未被污染的物体与任何有菌的、被污染的物体相接触。任何直接或间接地与培养细胞相接触的物体必须经过严格的清洗和消毒程序，如图 1-11 所示。

1.2.1 实验目的

掌握细胞培养中所使用器械的清洗与消毒方法。

1.2.2 实验原理

清洗是采用化学药剂清除物体表面污垢的方法，它是借助清洗剂对物体表面污染物或覆盖层进行化学转化、溶解、剥离以达到脱脂、除锈和去污的效果。

消毒是指杀死病原微生物（但不一定能杀死细菌芽孢）的方法。通常用化学方法来达到消毒的作用。

灭菌可除去或杀灭物体中全部微生物。应根据微生物的种类、污染状况、被污染物体的性质与状态，选择单独或组合灭菌方法。能否达到灭菌的目的，通常要采用无菌实验法进行判定。对灭菌操作时采用的温度、压力等是否适合灭菌的条件，必须得到十分的确认。在灭菌条件选定后，还要进行灭菌效果的确认，以保证使用的各种灭菌条件适合于要杀灭的目标菌。灭菌的程度受灭菌时间与灭菌剂强度的制约。灭菌常用的方法有化学试剂灭菌法、射线灭菌法、干热灭菌法、湿热灭菌法和过滤除菌法等。可根据不同的需求，采用不同的方法，如培养基灭菌一般采用湿热灭菌法，空气灭菌则采用过滤除菌法。

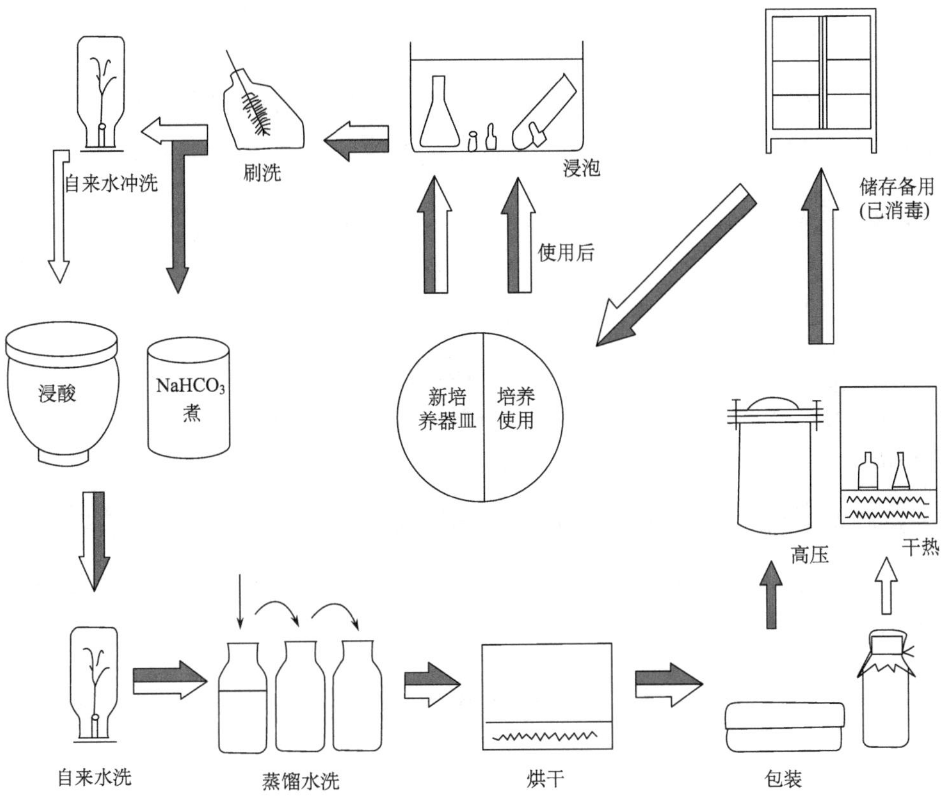

图 1-11　无菌培养用品清洗和消毒程序（鄂征，2001）
白箭头：玻璃制品；黑箭头：橡胶制品

1.2.3　实验准备

1.2.3.1　仪器设备

超净工作台、超声波清洗器、高压灭菌锅、干燥箱、过滤器、紫外灯、0.22μm 微孔滤膜、电磁炉、电子分析天平、铝箔、试管刷等。

1.2.3.2　实验材料

玻璃器皿（三角瓶、烧杯、量筒、血清瓶、试剂瓶、血清瓶的螺口盖等）、橡胶塞、塑料器皿（离心管、吸头等）、眼科剪刀、眼科镊、金属饭盒、纱布等。

1.2.3.3 主要试剂

75%乙醇、盐酸、0.2%的新洁尔灭、高锰酸钾、重铬酸钾、浓硫酸、次氯酸钠（NaClO）、洗涤剂、蒸馏水、去离子水等。

1.2.4 实验方法

1.2.4.1 玻璃器皿清洗

（1）浸泡：初次使用和培养用后的玻璃器皿都需要先用清水浸泡，水要完全进入器皿中，不要留有气泡。新使用的器皿，用清水冲洗后放入盐酸溶液（5%）中浸泡过夜。

用盐酸浸泡主要是为了中和其中的碱性物质。

（2）刷洗：浸泡后的玻璃器皿要用软毛刷蘸洗涤剂刷洗，以除去器皿表面附着较牢的杂质。

刷洗次数太多，会损害器皿表面光泽度，所以要选择软毛刷，切不可使用含沙粒的去污粉。

（3）浸酸：刷洗不掉的极微量杂质要用硫酸和重铬酸钾清洁液浸泡，它们经过强氧化作用后，可被除掉。

清洁液具有腐蚀性，使用时要戴耐酸性手套。新配制的清洁液为棕红色，遇有机溶剂或水分增多时变成绿色，表明其失效。浸泡时，放入器皿要缓慢，防止发生迸溅。器皿要充满清洁液，浸泡时间不应少于6h，一般浸泡过夜。

（4）冲洗：将经过上述步骤处理的玻璃器皿用清水冲洗5～10遍，放入蒸馏水中漂洗3～5遍。然后置于干燥箱中，50℃烤干，备用。

流水清洗时水流应保持不断，每次应将水灌满器皿并倒干净，以去除残余的洗涤剂。

干燥器皿时不要摆放过紧，以免阻碍热空气的流通。

1.2.4.2 橡胶制品清洗

（1）新购置的橡胶制品需先用自来水将滑石粉冲洗干净。

(2) 用 0.5mol/L NaOH 溶液煮沸 10～20min，以除掉上面的蛋白质。

(3) 流水冲洗 5～10 遍，然后放入 0.5 mol/L 盐酸煮沸 15～30min。

(4) 流水冲洗 5～10 遍，放入自来水煮沸 2 次。

(5) 蒸馏水冲洗 2～3 遍，放入干燥箱 50℃烤干备用。

用过的胶塞制品清洗方法、要求基本同玻璃器皿。

1.2.4.3　塑料制品的清洗

(1) 器皿用后立即用流水冲洗或浸泡于自来水中过夜。

(2) 用 2% NaOH 溶液或含 NaClO 的蒸馏水浸泡过夜。

(3) 然后用自来水冲洗，如用 NaOH 溶液浸泡的，还需再用 5%盐酸浸泡 15～30min。

如果残留附着物，可用纱布或棉签刷洗。

(4) 用盛有 50～60℃蒸馏水的超声波仪，超声波清洗 30min。

(5) 用蒸馏水冲洗 3～5 遍，放入烘箱中 50℃烤干，备用。

1.2.4.4　无菌培养室的消毒

(1) 用 0.2%的新洁尔灭拖洗地面一次（拖布要专用），然后打开紫外灯照射消毒 30～50min。

(2) 用 75%乙醇擦洗超净工作台台面，然后用紫外灯消毒 30min。

(3) 在无菌环境下进行培养或做其他无菌工作时，首先要点燃酒精灯。以后一切操作，如安装吸管帽、打开或封闭瓶口等，都需在火焰近处并经过烧灼进行。

1.2.4.5　灭菌

1) 热灭菌法

热灭菌法是利用高温使微生物细胞内的一切蛋白质变性、酶活性消失，致使细胞死亡的方法。它通常又分为干热灭菌法、湿热灭菌法和间歇加热灭菌法等。

(1) 干热灭菌法是直接利用火焰将微生物烧死（如烧接种环、载玻片和试管口等）的方法。不能用火焰灭菌的物品则利用热空气灭菌，将物品放在烘箱中加热到 160～170℃，持续 4h 以上，此法适用于玻璃、金属和木质的器皿。玻璃器皿在灭菌前需用铝箔纸将瓶口封住，以防止灭菌后再次被污染。

需要干热灭菌的玻璃器皿上不能带有有机物成分，否则高温干燥时会产生刺鼻气味。干热灭菌箱中不能有纸质和棉质物品，它们易导致火灾。

干热灭菌后不要立即打开烘箱门，以防止冷空气骤然进入引起玻璃炸裂，发生危险。金属器械、橡胶和塑料制品不能使用干热灭菌法。

(2) 湿热灭菌法是以沸水、蒸汽和蒸汽加压灭菌的方法。以蒸汽加压灭菌效果最好，即高压蒸汽灭菌。蒸汽温度可达 121℃，能将耐热的芽孢在 30min 内全部杀死。常用的灭菌条件为压力 0.15MPa，温度 121℃，15～30min。

湿热灭菌时，消毒物品不能装得过满，以保证消毒器内气体流通。

(3) 间歇加热灭菌法是连续 3d，每天进行一次蒸汽灭菌的方法。此法适用于不能耐 100℃以上温度的物质和一些糖类或蛋白质类物质。该法一般是在正常大气压下用蒸汽灭菌 1h，灭菌温度不超过 100℃，既不至于造成糖类或蛋白质等物质的破坏，又可将间歇培养期间萌发的孢子杀死，从而达到彻底灭菌的目的。

2) 辐射灭菌法

不能进行高温高压消毒的塑料器皿可采用射线进行辐射灭菌。较常用的射线有紫外线，其他还有电离辐射。波长在 25 000～80 000nm 的激光也有强烈的杀菌能力，以波长 26 500nm 的激光最有效。辐射灭菌法仅限于一定材料，因所需设备复杂，难于广泛使用。

3) 渗透压灭菌法

利用高渗透压溶液进行灭菌的方法称为渗透压灭菌法。其原理是在高浓度的食盐或糖溶液中细胞因脱水而发生质壁分离，不能进行正常的新陈代谢，结果导致微生物死亡。

4) 化学试剂灭菌法

化学试剂灭菌法主要用于那些无法用其他方法进行灭菌消毒的物品，如外植体、操作台表面及无菌室内桌椅、空气等。常用的试剂有 5%苯酚、70%乙醇和过氧乙酸等。化学灭菌试剂必须有挥发性，以便清除灭菌后材料上残余的药物。

5）过滤灭菌法

人工合成培养液、血清、酶溶液等，在高温下会发生变性，失去功能，必须采用过滤灭菌法进行灭菌。此法可以采用一种简单的滤器。滤膜一般由乙酸纤维素、硝酸纤维素、多聚碳酸酯、聚偏氟乙烯等合成纤维材料制成。滤膜的孔径一般为 0.2μm，它可以滤除绝大多数微生物的营养细胞。过滤灭菌法的最大缺点是不能滤除病毒。

6）手术器械的清洗和灭菌

手术器械等用酒精棉球擦拭干净，确保器械上面没有污染物，装入铝质饭盒中，用纱布包裹好，高压湿热灭菌 30min 后烘干备用。

1.2.5 注意事项与建议

（1）消毒时超净工作台台面上用品不要过多或重叠放置，否则会遮挡紫外线，降低消毒效果。

（2）金属器械不能在外焰中烧得时间过长，以防金属退火，烧过的金属镊要待冷却后才能挟取组织，以免造成组织损伤。

（3）湿热灭菌后的器皿应在干燥箱中 60℃烘干，待器皿完全干燥并经 75％乙醇喷洒消毒后再移到无菌操作间使用。

（4）吸取营养液后的吸管不能再用火焰烧灼，因为残留在吸管头中的营养液会烧焦形成碳膜，再用时会把有害物质带入营养液中。

（5）胶塞经过火焰时也不能时间过长，以免烧焦产生有毒气体，危害培养细胞。

（6）玻璃器皿使用后应立即投入清水中浸泡；刷洗、酸泡后的器皿要用流水振荡冲洗，不得残留洗涤剂、清洁液；煮沸前的水面要高于器皿 5cm。

（7）胶塞洗刷的重点部位是胶塞使用面，应用软毛刷逐个刷洗。在使用过程中，胶塞不能与培养液接触，以防未洗净的胶塞污染培养液和细胞。干热灭菌的器皿应在烘箱温度降至 60℃以下再打开取出，经 75％乙醇喷洒消毒后再移到无菌操作间使用。

（8）带有螺口盖的血清瓶或试剂瓶只能湿热灭菌，灭菌时瓶盖用铝箔纸或牛皮纸包裹，灭菌过程中瓶盖应稍拧松，以利于湿热气体进入瓶内，灭菌结束后待玻璃瓶冷却后将盖拧紧。也可以将玻璃瓶和瓶盖分开各自包裹灭菌，玻璃部分干热灭菌，塑料部分湿热灭菌。

（9）细胞培养用器皿最好专门用于细胞培养，不要与其他实验混用。

1.2.6　实验报告

简述细胞培养用玻璃器皿与塑料器皿的清洗和消毒流程。

1.2.7　思考题

（1）细胞培养中如果使用橡胶制品该如何清洗消毒？

（2）为什么使用过的器皿要立即浸泡在含有消毒液的蒸馏水中？

1.3　细胞工程实验报告的书写

实验报告是考核学生实验技能、水平及实验动手能力与分析问题能力的重要方面。学生应该养成良好习惯，对实验报告书写给予重视，注意基本功的训练。一般实验报告格式如图 1-12 所示。

生　命　科　学　学　院

实验报告

实验课程名称：＿＿＿＿＿＿＿＿

姓　　　名：＿＿＿＿＿＿＿＿

专 业 班 级：＿＿＿＿＿＿＿＿

任 课 教 师：＿＿＿＿＿＿＿＿

年度第　　学期

实验日期　年 月 日

实验名称	
目的意义	
实验原理	
仪器设备与试剂	
实验材料	
实验内容	
结果与分析	

图 1-12　实验报告格式

1.3.1 实验目的

掌握实验报告的书写方式。练习用一种明白易懂的方式向他人展示实验结果并进行分析，得出分析结论。

1.3.2 报告书写要求

报告的书写原则上要规范、整洁，便于实验的重复，同行能看懂。报告要写清楚页码、日期、姓名、班级、实验内容、结果分析等。

1.3.3 书写步骤

（1）按照实验报告的格式填写实验课程名称、姓名、班级、任课教师等。

（2）实验名称：所有实验都有一个题目，应把它完整地写在相应的表格中。

（3）目的意义：应明确实验目的，也就是通过该实验预期达到的目的。实验指导中常列出，书写要简明扼要。

（4）实验原理：可以用文字概括说明，也可以用示意图表示。

（5）实验仪器、设备与药品：填写所用的仪器，特殊仪器要注明型号和厂家；写清所用试剂名称、级别、厂家等。

（6）实验材料：填写实验中所用的主要试材。

（7）实验内容、结果与分析：实验内容尽量简单概括且条理清晰，能供人参考。实验结果的表述要用科学语言，尽量用图或表的形式表示出来。结果分析的目的是要正确地认识和评价实验的结果，可结合书本上的理论知识进行分析，找出成功或失败的原因，并与其他人或文献上的结果进行比较，找出异同，讨论并提出自己的设想。

1.3.4 注意事项与建议

（1）实验要认真、细致、严谨。

（2）记录要及时，按时上交报告。

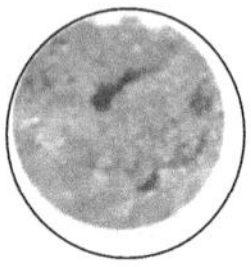

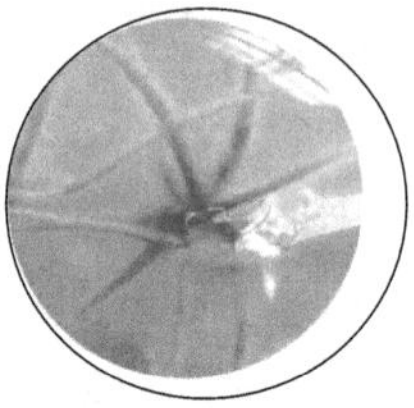

2. 模块二

植物组织培养及快速繁殖技术

植物组织培养及快速繁殖技术是现代生物工程的主要技术之一，它利用植物组织培养法将植物的叶片或茎段等外植体接种在营养培养基上培养。经过一段时间的培养，外植体就会长出愈伤组织，再分化成小苗。将小苗移栽至温室中生长，再移栽于大田中，就可成长为正常的植株。由于这种方法可节省人力物力、植株繁殖量大、不受生长季节限制、繁殖周期短、可一年四季在温室内进行，所以该法成为快速繁殖优良植株的捷径。

植物组织培养是指在无菌条件下，将离体植物组织（器官或细胞）分离并在培养基中培养，使其能够继续生长，甚至分化发育成完整植株的一门实验技术。组织培养的理论基础是植物细胞的全能性。1902 年，德国植物学家哈伯兰特（Haberlandt）在细胞学说的基础上，大胆提出要在试管中人工培育植物。他预言离体的植物细胞具有发育上的全能性，能够发育成为完整的植物体。20 世纪 60 年代以后，植物组织培养技术开始在生产上应用，并且逐渐朝着产业化方向发展。

植物组织培养既是改良品种、培育新品种的一种手段，又是快速繁殖良种、获得大量优质苗木的一种有效方法。从生产实践看，将组织培养作为一种繁殖方法，比作为一种育种方法具有更重要的实用价值和经济效益，该方法主要应用于以下 5 个方面。

（1）在植物育种上的应用。无性系繁殖获得数量多、性状一致的群体。通过原生质体融合，可部分克服有性杂交不亲和性，从而获得体细胞杂种，创造新种。利用植物转基因技术将目的基因整合进植物的基因组，可以克服育种中的盲目性，按照人们需要操纵植物的遗传变异进行遗传改良，培育优良品种。

（2）在植物脱毒和快速繁殖上的应用。目前利用茎尖脱毒技术组织培养甘蔗、菠萝、香蕉、草莓、甘薯、马铃薯等主要经济作物已得到成功应用。无毒种苗和微型脱毒种薯已在马铃薯生产上广泛应用，从根本上解决了植物的退化问题。

（3）在植物次生代谢产物上的应用。利用组织或细胞的大规模培养，有可能生产出人类所需要的一切天然有机化合物，如蛋白质、脂肪、糖类、生物碱及其他活性化合物。

（4）在植物种质资源保存和交换上的应用。利用植物组织和细胞低温保存种质，可大大节约人力、物力和土地，同时也便于种质资源的交换和转移，防止有害病虫的人为传播，为保存和抢救有用基因带来了希望。

（5）在遗传、生理、生化和病理研究上的应用。植物组织培养有益于植物的矿质营养、有机营养、生长活性物质等方面的研究。用单细胞培养技术研究植物的光合代谢是非常理想的，已取得可喜的进展。

植物组织培养保持了常规营养繁殖方法的全部优点，同时还具有以下优点：①能快速繁殖优良种苗，繁殖系数高、周期短和速度快；②繁殖不受季节限制，可进行工业化生产；③生长周期短，而且可使用其他方法难于繁殖的植物得到有效增殖；④可获得无毒苗无性系；⑤有利于培养物的储藏和种质库的建立。

植物组织培养是一项细致有序的工作，其一般步骤为：①培养基的制备；②材料的准备与接种；③愈伤组织的诱导；④器官分化或体细胞胚的发生；⑤小苗的移栽驯化等。其中器官分化或体细胞胚的发生最为关键，因为它关系到组织培养能否成苗。植物组织培养技术流程如图 2-1 所示。

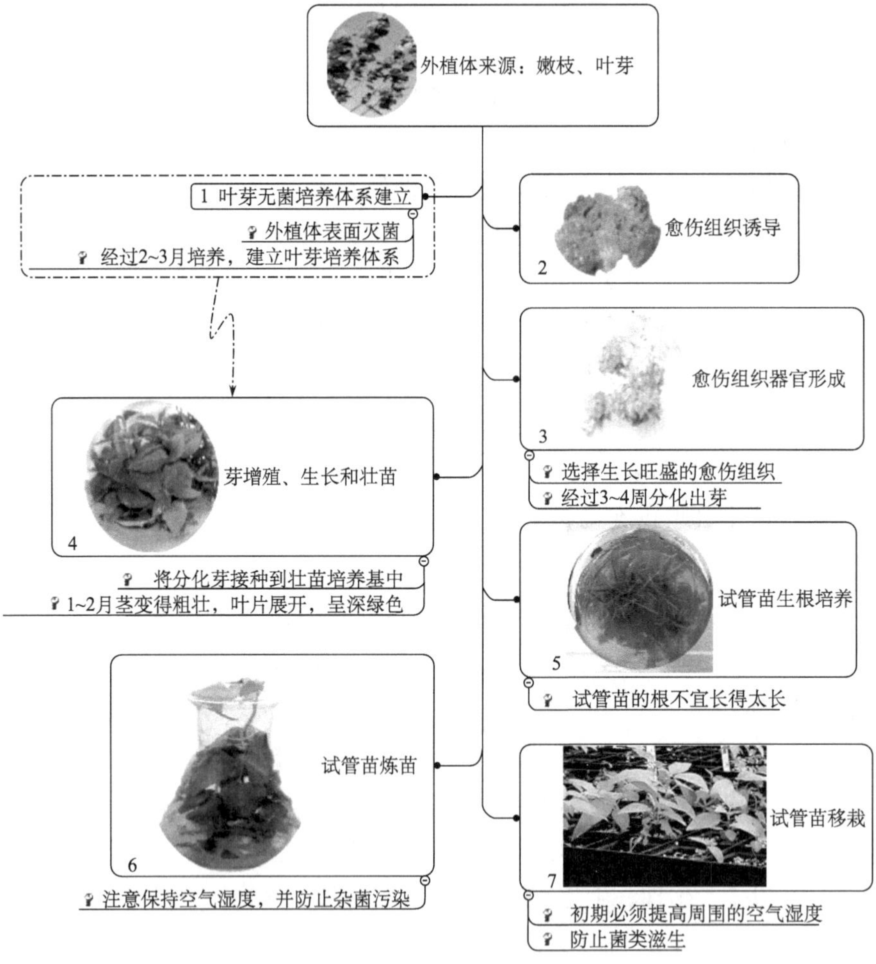

图 2-1　植物组织培养技术流程图

2.1　植物培养基母液的配制与保存

在植物组织培养工作中，配制培养基是最基础的工作。但每种培养基都含有几十种化学物质，配制起来不仅繁琐，而且很难达到准确和精确，尤其是激素和微量元素用量极少，很难准确称量，进而会影响实验结果。因此，可以选择先配制母液（即储备液）的方法来解决（图 2-2）。

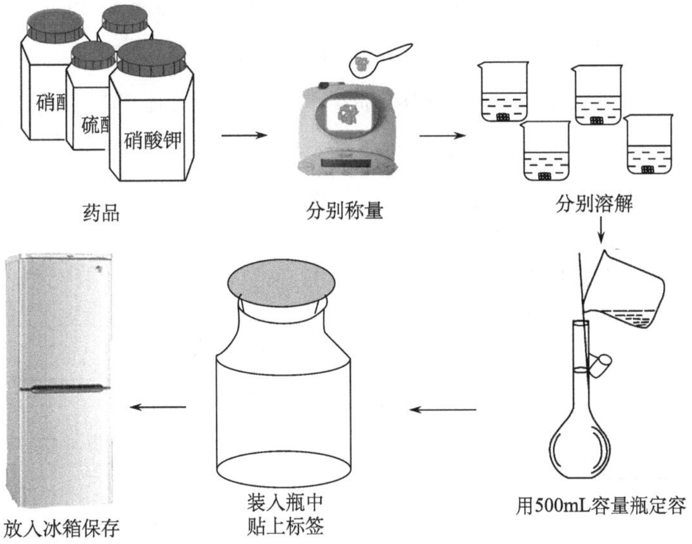

图 2-2　母液配制的基本过程

2.1.1　实验目的

学习和掌握培养基母液的配制方法。使学生了解配制培养基母液的注意事项。

2.1.2　实验原理

母液就是培养液的浓缩液，一般根据培养基配方将其浓度扩大若干倍（一般为 10～200 倍），按试剂种类和性质将试剂分别称量、分别溶解、分别配制，单独保存或几种混合保存，配制培养基时按比例取用即可。

2.1.3 实验准备

1）仪器设备

电子分析天平、烧杯（500mL、100mL、50mL）、容量瓶（1000mL、100mL、50mL、25mL）、药勺、玻璃棒、微波炉。

2）试剂

NH_4NO_3、KNO_3、$CaCl_2 \cdot 2H_2O$、$MgSO_4 \cdot 7H_2O$、KH_2PO_4、KI、H_3BO_3、$MnSO_4 \cdot 4H_2O$、$ZnSO_4 \cdot 7H_2O$、$Na_2MoO_4 \cdot 2H_2O$、$CuSO_4 \cdot 5H_2O$、$CoCl_2 \cdot 6H_2O$、$FeSO_4 \cdot 7H_2O$、$Na_2EDTA \cdot 2H_2O$、肌醇、烟酸、盐酸吡哆醇（维生素 B_6）、盐酸硫胺素（维生素 B_1）、甘氨酸。

3）培养基母液的配制方法

培养基母液的配制方法以 MS 培养基为例，见 MS 培养基母液配制表（表 2-1）。

表 2-1 MS 培养基母液配制表

成分	每升培养基各成分用量/(mg/L)	母液配制		每升培养基取母液量/mL
		称取量/mg	母液体积/mL	
大量元素（母液Ⅰ）				
NH_4NO_3	1650	16500	500	50
KNO_3	1900	19000		
$MgSO_4 \cdot 7H_2O$	370	3700		
KH_2PO_4	170	1700		
$CaCl_2 \cdot 2H_2O$	440	4400		
微量元素（母液Ⅱ）				
KI	0.83	83	500	5
H_3BO_3	6.2	620		
$MnSO_4 \cdot 4H_2O$	22.3	2230		
$ZnSO_4 \cdot 7H_2O$	8.6	860		
$Na_2MoO_4 \cdot 2H_2O$	0.25	25		
$CuSO_4 \cdot 5H_2O$	0.025	2.5		
$CoCl_2 \cdot 6H_2O$	0.025	2.5		
铁盐（母液Ⅲ）				
$FeSO_4 \cdot 7H_2O$	27.8	2780	500	5
$Na_2EDTA \cdot 2H_2O$	37.3	3730		

续表

成分	每升培养基各成分用量/(mg/L)	母液配制		每升培养基取母液量/mL
		称取量/mg	母液体积/mL	
肌醇（母液Ⅳ）				
肌醇	100	1000	50	5
维生素（母液Ⅴ）				
烟酸	0.5	50	100	1
盐酸吡哆醇（维生素 B_6）	0.5	50		
盐酸硫胺素（维生素 B_1）	0.4	40		
甘氨酸（母液Ⅵ）				
甘氨酸	2	200	100	1

注：以上各种营养成分的浓度，除了母液Ⅰ为 20 倍浓缩液外，其余均为 200 倍浓缩液。

2.1.4　实验方法

2.1.4.1　大量元素母液的配制

配制大量元素母液时，某些无机成分，如 Ca^{2+}、SO_4^{2-}、Mg^{2+} 和 $H_2PO_4^-$ 等在一起可能会发生化学反应，产生沉淀物。为避免此现象发生，母液配制时要用纯度高的重蒸馏水溶解，药品采用纯度等级较高的分析纯，各种化学药品必须先以少量重蒸馏水使其充分溶解后才能混合，混合时应注意先后顺序。特别应将 Ca^{2+}、SO_4^{2-}、Mg^{2+} 和 $H_2PO_4^-$ 等离子错开混合，速度宜慢，边搅拌边混合。

根据表 2-1 中大量元素的成分，用电子分析天平称取各试剂，分别用重蒸馏水溶解，按顺序逐步混合，然后用重蒸馏水定容在 1000mL 容量瓶中，即得 20 倍浓度的大量元素母液。将所得母液倒入棕色试剂瓶中，贴上标签，注明母液名称、每升培养基取液量、日期等，保存在 4℃冰箱中。

2.1.4.2　微量元素母液的配制

根据表 2-1 中微量元素的成分，用电子分析天平称取相应试剂，分别用重蒸馏水溶解，按顺序逐步混合，然后用重蒸馏水定容在 500mL 容量瓶中，倒入棕色试剂瓶中，贴上标签，注明母液名称、每升培养基取液量、日期等，保存于 4℃冰箱中。

2.1.4.3 铁盐母液的配制

将称好的 $FeSO_4 \cdot 7H_2O$ 和 $Na_2EDTA \cdot 2H_2O$ 分别放到 200mL 蒸馏水中，边加热边不断搅拌使它们溶解，然后将两种溶液混合，并将 pH 调至 5.5，最后定容到 500mL，保存在棕色玻璃瓶中。贴上标签，注明母液名称、每升培养基取液量、日期等，保存于 4℃冰箱中。

2.1.4.4 有机母液的配制（母液Ⅳ、Ⅴ、Ⅵ）

有机成分包括：肌醇、烟酸、盐酸吡哆醇、盐酸硫胺素和甘氨酸。培养基母液的有机成分需要单独配制。根据表 2-1 各有机成分的含量，分别用电子分析天平称取，用重蒸馏水溶解，定容后保存在棕色玻璃瓶中。贴上标签，保存于 4℃冰箱中。

在配制铁盐时，如果加热搅拌时间过短，会造成 $FeSO_4$ 和 Na_2EDTA 螯合不彻底，此时若将其冷藏，$FeSO_4$ 会结晶析出。为避免此现象发生，配制铁盐母液时，$FeSO_4$ 和 $Na_2EDTA \cdot 2H_2O$ 应分别加热溶解后混合，并置于加热搅拌器上不断搅拌至溶液呈金黄色（加热 20～30min），调 pH 至 5.5，室温放置冷却后，再冷藏。

2.1.4.5 激素母液配制

一般激素母液配制的终浓度为 0.1～0.5mg/mL。称取激素 10mg，先用少量（1mL）助溶剂助溶，然后用容量瓶定容至 100mL，即为质量浓度 0.1mg/mL 的母液。

需要注意的有两点。

（1）生长素类：如吲哚-3-乙酸（IAA）、2，4-二氯苯氧乙酸（2，4-D）、萘乙酸（NAA）、吲哚丁酸（IBA），应先用少量 95%乙醇或无水乙醇充分溶解，或者用 1mol/L 的 NaOH 溶液溶解，然后用重蒸馏水定容到一定的浓度。

（2）细胞分裂素类：如 6-糠基氨基嘌呤（KT，激动素）、6-苄基嘌呤（6-BA）等，应先用少量 95%乙醇或无水乙醇溶解，或加 3～4 滴 1mol/L 的盐酸溶解，再用重蒸馏水定容。

2.1.5　注意事项与建议

（1）所有母液都应保存在0～4℃冰箱中，若母液出现沉淀或细菌则不能再使用。

（2）配制母液时要注意药品溶解的先后顺序，以免它们发生化学反应，使母液产生沉淀。

（3）注意危险药品的使用与保管，如 NH_4NO_3、KNO_3，这两种药品为易爆品，取用时一定要轻拿轻放，保存在阴凉处。Na_2EDTA 、$CoCl_2$、2，4-D 这三种药品为致癌物，配制时要戴胶皮手套或两层塑料手套。Na_2EDTA 为金属螯合剂，有一定的黏性；$CoCl_2$ 能够导致基因突变，遗传学实验中也常用其作为致突变剂；2，4-D 是高效农药，对人的皮肤有伤害作用。

（4）在母液、生长调节剂、蔗糖、琼脂都加入配制容器中后，很多人习惯用微波炉或电磁炉加热溶解培养基（特别是琼脂）。培养基熔化后，由于水分的蒸发，会造成培养基体积的减小，从而需要重新定容。这时一定要用热水（ 60℃左右）进行定容，切忌用冷水（ 30℃以下），否则培养基中琼脂将局部凝固，造成营养成分浓度不均。

2.1.6　实验报告

简述培养基母液的配制过程和注意事项。

2.1.7　思考题

（1）植物生长调节物质有哪些常见的类型，它们的主要作用是什么？

（2）培养基的组成成分有哪些？它们在离体培养中的作用是什么？

2.2　培养基的配制与灭菌

植物细胞培养能否成功，一方面取决于材料本身的特性，另一方面取决于培养基的成分。在进行植物细胞培养之前，首先要选择合适的培养基并掌握正确的制备方法。培养基的制备方法如图 2-3 所示。

2.2.1　实验目的

通过对基础培养基的配制，掌握配制培养基的原理、步骤、设计方法和注意事项。

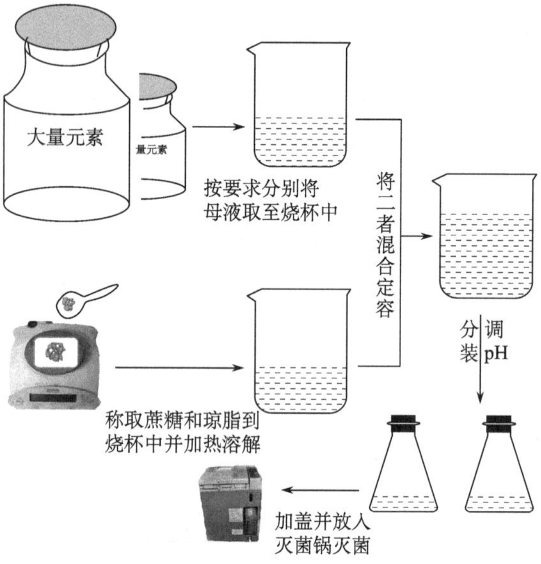

图 2-3　培养基的制备方法

学习高压蒸汽灭菌的操作方法；掌握灭菌的注意事项。

2.2.2　实验原理

将 2.1 节所得母液按照所需量分别量取，使培养基中含有植物细胞生长所必需的各类营养物质。可按照下面公式计算各种母液及其他附加物的量。

$$V_0 = V_1/T \text{ 或 } V_0 = (C_1 \times V_1)/C_0$$

式中，V_0 为吸取母液体积（mL）；V_1 为配制培养基体积（mL）；C_0 为母液浓度（mg/L）；C_1 为配制培养基浓度（mg/L）；T 为母液扩大倍数。

培养基除了向植物提供营养物质外，还是微生物繁殖的极好场所，因此，在使用前必须对培养基进行灭菌处理，以确保无菌操作的顺利进行。常用的灭菌方法是高压蒸汽灭菌法，即将待灭菌的物品放在一个密闭的加压灭菌锅内，加热提高温度，使锅内的蒸汽不能溢出，从而使压力增加，沸点升高，得到高于 100℃ 的温度，导致菌体蛋白质凝固变性而达到灭菌的目的。

2.2.3　实验准备

2.2.3.1　仪器设备

电子分析天平、烧杯（1000mL）、三角瓶、量筒（100mL）、移液器、玻璃棒、pH 试纸、微波炉、高压灭菌锅、封口膜、橡胶套。

2.2.3.2　所用试剂

蔗糖、琼脂、1mol/L NaOH 溶液、1mol/L HCl、各种培养基母液。

2.2.4　实验方法

2.2.4.1　实验设计

在配制培养基之前，我们要先确定是配制针对诱导愈伤组织的培养基还是不定芽分化的培养基，它们主要在生长调节剂的添加上有所不同，生长调节剂是诱导外植体形成愈伤组织和愈伤组织分化的重要影响因素。

基本培养基为：MS+ 蔗糖 20g/L+琼脂 5～6g/L。每组配 1000mL 培养基。生长调节剂的种类和浓度可自行设计，采用正交设计或随机分组设计均可，可以选择一种、两种或多种生长调节剂组合。生长调节剂种类和浓度设计格式如表 2-2 所示。

表 2-2　生长调节剂种类和浓度设计表（mg/L）

生长调节剂种类	浓度 1	浓度 2	浓度 3
2，4-D			
6-BA			
NAA			
KT			

2.2.4.2　培养基的配制

(1) 配制培养液：根据母液配制的浓度和计算公式，算出 1000mL 培养基中每种母液的用量，用量筒或移液器从各种母液中分别取出所需的用量。再根据实验设计取生长调节剂与各种母液一起放入烧杯中。

> 在使用提前配制的母液时，应在量取各种母液之前，轻轻摇动盛放母液的试剂瓶，如果发现瓶中有沉淀、悬浮物或被微生物污染，应立即淘汰这瓶母液，重新进行配制。

(2) 称取 20g 蔗糖（或葡萄糖），用蒸馏水溶解后与培养液合并。

(3) 称取5.0～6.0g的琼脂，加蒸馏水，用微波炉加热并搅拌，直至琼脂完全溶解，与上述溶液合并。

在加热琼脂、制备培养基的过程中，操作者千万不能离开，否则沸腾的琼脂外溢，就需要重新称量、制备。最好用塑料烧杯，防止炸裂烫伤现象出现。

(4) 调pH：用pH计或精密pH试纸测pH，用1mol/L或0.1mol/L NaOH溶液和1mol/L HCl将培养基pH调至5.8～6.0。用玻璃棒不停地搅拌，使其充分混合。

稀酸和稀碱的配制方法

1mol/L HCl：取浓盐酸8.25mL，加蒸馏水至100mL，即为1mol/L HCl。

1mol/L NaOH：称取氢氧化钠4g，加入蒸馏水100mL，即为1mol/L NaOH。

(5) 将混合好的培养基倒入大的烧杯中，加蒸馏水定容至1000mL。

(6) 分装：将配好的培养基分装到干净的三角瓶中（100～500mL），或每瓶中培养基1～1.5cm厚。

(7) 用封口膜封口，并用记号笔对不同的培养基做标记。

2.2.4.3 灭菌

(1) 码放培养瓶：将装有培养基的三角瓶直立于金属小筐中。

(2) 其他需要灭菌的物品：将其他需要灭菌的物品也放入高压灭菌锅的金属小筐中，如装有蒸馏水的锥形瓶、带螺口盖的玻璃瓶、烧杯、广口瓶（以上物品都要用封口膜封口）、用灭菌袋包裹的培养皿、剪刀、解剖刀、镊子、滤纸等。

(3) 灭菌：向高压灭菌锅内加入适量的水（水的位置与锅底的铁板在同一水平线上），将装好的金属小筐放入灭菌锅中，盖上锅盖。

(4) 灭菌温度和时间设置：将高压灭菌锅温度调至121℃，时间为20min，开始灭菌。当温度高于94℃以上时，禁止打开锅盖。

(5) 灭菌结束：灭菌完成后，待高压灭菌锅的压力表指示为0，温度降到94℃以下时，打开灭菌锅，取出灭菌物品，将装有培养基的三角瓶放平，待培养基凝固后备用。

消毒后的培养基不能立即用于接种，而应放置 24～72h。放置后如果培养基中没有出现菌落，则说明培养基是无菌的，才可以用于接种。另外，培养基一般应在 1～2 周内用完，短时间可存放于室温条件，如不能尽快用完，应放在 4℃条件下。

2.2.5 注意事项与建议

（1）用量筒或移液器量取培养基母液之前，必须用所量取的母液将量筒润洗 2 次。

（2）量取母液时，最好将各种母液按将要量取的顺序写在纸上，量取 1 种，划掉 1 种，以免出错。

（3）调 pH 时，用移液器吸取浓度为 1 mol/L 的 NaOH 溶液，逐滴滴入溶化的培养基中，边滴边搅拌，并随时用精密 pH 试纸（5.4～7.0）检测培养基的 pH，直到培养基的 pH 为 5.8～6.0 为止。

（4）溶化的培养基应该趁热分装。分装时，先将培养基倒入烧杯中，然后将烧杯中的培养基倒入锥形瓶中。注意不要让培养基沾到瓶口和瓶壁上。

（5）灭菌后一定要在压力表回 0 后，方可打开灭菌锅。

2.2.6 实验报告

简述培养基配制过程，并说明配制培养基时应注意哪些事项。

2.2.7 思考题

（1）向外倾倒培养基时为什么需要边倒培养基边用玻璃棒搅拌？

（2）培养基由哪些成分组成，它们各有什么作用？

（3）如何检验灭菌后培养基是否合格？

（4）高压蒸汽灭菌完毕后，为什么要待压力表指示为 0，温度降到 94℃以下时，才能开盖取物？

2.3 植物外植体消毒、接种及愈伤组织诱导

用于进行离体培养的组织、器官和细胞称为外植体。无论从何处取回来的外植体，如从大田、温室或从干净的室内取来的材料，都是带菌的，只有从无菌培

养容器中取来的材料才可能是无菌的。所以，对采回的外植体要进行灭菌，以保证无菌培养的进行。一般植物外植体表面灭菌过程如图 2-4 所示。

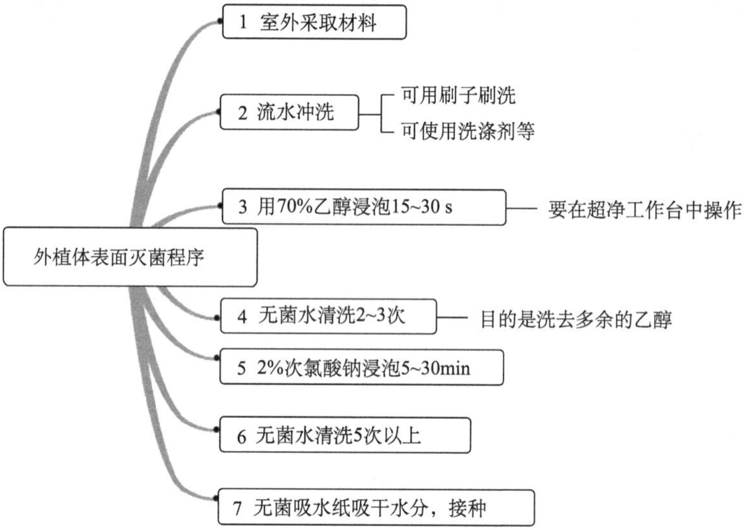

图 2-4　植物外植体表面灭菌过程

下面介绍一些常用的外植体灭菌方法。

(1) 茎尖、茎段及叶片等的消毒。植物的茎、叶部分多暴露在空气中，易受到泥土、肥料中的杂菌污染，消毒前需先经自来水较长时间冲洗，特别是一些多年生的木本植物材料，冲洗后还要用沾有肥皂粉或洗洁精（或吐温）的软毛刷进行刷洗。消毒时先用 75％乙醇浸泡 10～30s，以无菌水冲洗 2～3 次后，按材料的幼嫩和枝条的坚硬程度，分别采用 2％～10％的 NaClO 溶液或 0.1％$HgCl_2$ 溶液浸泡 10～15min，再用无菌水冲洗 3～4 次后方可接种。

(2) 果实和种子的消毒。果实和种子先用自来水冲洗 10～20min，甚至更长时间。再用 70％乙醇迅速漂洗 1 次。果实用 2％NaClO 溶液浸泡 10min，然后用无菌蒸馏水冲洗 2～3 次，就可取出果实内的种子或组织进行培养。种子则先要用 10％NaClO 溶液浸泡 20～30min，对难以消毒的材料还可以用 0.1％$HgCl_2$ 溶液消毒 5min。

(3) 根及地下器官的消毒。由于它们长在土壤中，可先用自来水冲洗、软毛刷刷洗，用 100％乙醇漂洗后，置于 0.1％～0.2％$HgCl_2$ 溶液浸泡 5～10min 或 2％NaClO 溶液浸泡 10～15min，然后以无菌水冲洗 3 次，用无菌滤纸吸干水分后即可接种。若条件许可，还可将材料浸入消毒液中进行抽气减压，以帮助消毒液渗入，达到彻底灭菌的目的。

（4）花药的消毒。通常用于组织培养的花药多未成熟，由于它的外面有花萼、花瓣保护，基本上处于无菌状态，故只需将整个花蕾或幼穗消毒即可。一般用70%乙醇将其浸泡数秒钟，然后用无菌水冲洗2～3次，再用2%NaClO溶液浸泡10min，经无菌水冲洗2～3次即可接种。

外植体接种要在超净工作台中进行，超净工作台主要包括两种：水平层流式超净工作台和垂直层流式超净工作台。水平层流式超净工作台启动时气流从操作者对面一侧吹出，与工作面平行，并且气流不循环；垂直层流式超净工作台启动后气流从顶部向下吹到工作面，并被吸到工作面下。正常工作时，向下和向外的气流可阻挡外界空气污染物进入超净台。垂直层流式超净工作台对实验者更加安全，操作有毒微生物时应使用此种。

2.3.1　实验目的

通过亲自操作掌握外植体接种的无菌操作技术。领会无菌培养对实验材料消毒、接种的要求，学习观察记载的方法。

2.3.2　实验原理

消毒的目标是既要消灭材料上的细菌，又不损伤植物材料。因此，消毒一方面要考虑杀菌剂对各类菌的效果，从中选出最有效的杀菌剂；另一方面，还要考虑植物材料对杀菌剂的忍耐力。通常使用的杀菌剂有：乙醇（一般使用浓度为70%～75%）、氯化汞（$HgCl_2$，一般使用浓度为0.1%～0.2%）、次氯酸钠（NaClO，商品名为“安替福民”，常配制成2%～10%）、过氧化氢（H_2O_2，使用浓度为6%～12%）等。用杀菌剂对接种材料进行灭菌处理时，可以在杀菌剂中加入1～2滴表面活性剂，如吐温80或吐温20，它们可以湿润外植体整个组织，促进杀菌剂充分接触表面组织，达到较好的消毒效果。有时还可以用磁力搅拌、超声振动等方法使消毒杀菌剂进入外植体。

愈伤组织的诱导是根据植物细胞的全能性，即分化细胞保留着全部的基因组，具有生长发育所需的全部遗传信息，具有在适宜条件下发育成完整个体的潜能。外植体在合适的培养基上，通过脱分化，首先形成一种能迅速增殖的无特定结构和功能的细胞团。细胞团在培养过程中，其外层细胞开始迅速分裂，使细胞脱分化。脱分化细胞不断进行分裂，从而形成了愈伤组织。植物生长调节剂在外植体形成愈伤组织和愈伤组织分化的过程中起到重要作用。

2.3.3 实验准备

2.3.3.1 仪器设备

超净工作台、微波炉、镊子、解剖刀、酒精灯、脱脂棉、烧杯、广口瓶、培养皿、滤纸、三角瓶、喷壶、剪刀、消毒缸、废液缸、标签纸、记号笔。

2.3.3.2 主要试剂

75%乙醇、95%乙醇、0.1%$HgCl_2$、2%NaClO、无菌水、培养基等。

2.3.3.3 实验材料

白桦、茶条槭、山杨、沙枣或黄波罗的叶片、叶柄或茎段。

愈伤组织诱导培养基分别为：

白桦 IS+5.0mg/L 6-BA +0.5mg/L KT（茎段、叶柄）

IS+2.0mg/L 6-BA +0.2mg/L NAA（叶片）

茶条槭 WPM+0.002～0.01mg/LTDZ+0.1mg/L 6-BA

黄波罗 NT+ 1.0mg/L NAA+0.3mg/L 6-BA

山杨 WPM+1.0mg/L 6-BA+ 1.0mg/L NAA

沙枣 NT+0.1mg/L TDZ+0.2mg/L 6-BA

以上培养基均含有 20g/L 蔗糖和 5.8g/L 琼脂。

2.3.4 实验方法

2.3.4.1 实验前的准备

(1) 用水和肥皂洗净双手，穿上实验服，进入接种室。

(2) 打开超净工作台和无菌操作室的紫外灯，照射 20min。然后打开送风开关，关闭紫外灯，通风 10min 后，再打开日光灯进行无菌操作。

(3) 用酒精棉球擦拭双手，然后用 70%乙醇喷雾降尘，并擦拭工作台面。

(4) 将镊子和剪子蘸 95%乙醇在酒精灯火焰上灼烧，放置冷却。

(5) 将分装灭菌后的培养基用微波炉加热至溶解，然后在超净工作台上倒入培养皿中，放在一边，待其凝固再用。

2.3.4.2　外植体消毒

将当年生叶片和当年生嫩枝分别切成小块，用无菌水洗 3 次，每次 3min，然后依次浸入 75%乙醇（30s）、2%次氯酸钠（5min）、无菌水漂洗 4～5 次，每次 3min，然后用无菌滤纸吸干。

乙醇穿透力很强，用 75%乙醇浸泡时间不宜过长，以免损伤材料组织细胞。

次氯酸钠的分子式是 NaClO，属于强碱弱酸盐，它清澈透明，是一种能完全溶解于水的液体。次氯酸钠属于高效的含氯消毒剂，在水中形成次氯酸，作用于菌体蛋白质。次氯酸不仅可与细胞壁发生作用，因其相对分子质量小，不带电荷，还可侵入细胞内与蛋白质发生氧化作用或破坏磷酸脱氢酶，使糖代谢失调而致细胞死亡。

2.3.4.3　接种

用镊子夹取消毒好的外植体接种到培养皿中（平放，5 个/培养皿），用封口膜封严，做好标记（编号、名字、日期）后，置于 25℃培养。

接种时，为了防止交叉感染，接完一个培养皿后，用过的镊子和解剖刀都应更换新的，并将用过的镊子和解剖刀在火焰上灼烧，然后待其冷却后备用。

如果是将材料接种到培养瓶中，接种时，用左手将培养瓶倾斜 45°，打开瓶口，使瓶口在酒精灯火焰上方灼烧数秒。右手用消过毒的镊子夹取外植体材料转接到培养瓶中，轻轻插入或放在培养基表面。接种完毕后，将瓶口在火焰上转动灭菌，无菌封口膜封口。

2.3.4.4　整理

接种结束后，清理和关闭超净工作台，并用 70%乙醇擦拭工作台面。

2.3.5　实验结果

培养几天后，外植体表面开始变得粗糙，有许多光亮点出现，这是愈伤组织开始形成的征兆。经数周培养后，愈伤组织不断分化、长大（图 2-5）。

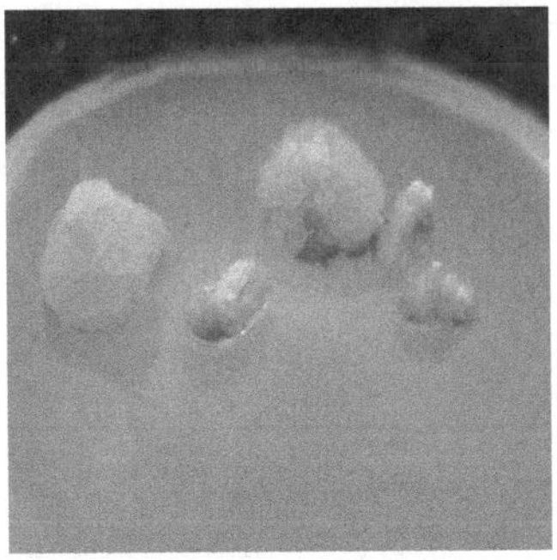

图 2-5　培养 4 周后由茶条槭茎段诱导的愈伤组织

2.3.6 注意事项与建议

（1）接种时尽量不要说话（防止交叉污染）。

（2）不要在接种室来回走动（防止超净工作台气流波动）。

（3）外植体切割时，动作要快，否则会造成失水而影响其生长。

（4）为防止操作时失水也可在培养皿中滴几滴无菌水，然后将外植体置于其中进行切割。

（5）每个培养瓶中放置外植体的数量，应该根据培养瓶的大小来确定，外植体也不要放得太少，以充分利用培养基中的营养成分。

（6）接种用的酒精灯，火焰不要调得太高，接种时应靠近酒精灯火焰操作，接种的速度要快。

（7）严禁向酒精灯喷 70％乙醇或在其点燃状态下拔出灯芯，以免超净工作台内着火。

（8）观察记录时要仔细，认真描述并做记录。

（9）观察记录时，要注意拿培养瓶的方式，手要握住培养瓶的下方而不要握住培养瓶的盖子。

2.3.7 实验报告

2.3.7.1 观察污染情况

观察接种材料的污染情况，将数据填到表 2-3 中，并分析污染原因。

表 2-3 接种后污染情况统计表

接种日期	接种数/个	污染数/个	污染率/％	主要污染菌种

统计污染情况主要观察外植体是被细菌污染还是被真菌污染，以及材料是否发黄、组织是否变软等。其中，细菌性污染一般菌斑呈黏液状，接种后 1～2d 出现；真菌性污染一般出现不同颜色（霉菌），接种后 3～10d 出现。

$$污染率=\frac{污染的材料数}{接种材料总数}\times 100\%$$

如果接种材料大部分发生污染，说明杀菌剂浸泡的时间短；若接种材料虽然没有污染，但材料已发黄，组织变软，表明消毒时间过长，组织被破坏死亡；接种材料若没有出现污染，生长正常，即可以认为消毒时间适宜。

2.3.7.2　观察愈伤组织情况

观察诱导形成愈伤组织情况，计算诱导率，将数据填到表 2-4 中。

$$诱导率=\frac{形成愈伤组织的材料数}{接种总材料数}\times 100\%$$

表 2-4　诱导形成愈伤组织情况统计表

接种日期	接种数/个	愈伤组织形成时间/d	诱导率/%	愈伤组织形态特征（颜色、质地）

2.3.8　思考题

（1）外植体用杀菌剂消毒后，为什么要用无菌水漂洗？有时候会在杀菌剂中加入 1～2 滴的表面活性物质，如吐温 80 或吐温 20，为什么？

（2）在接种过程中，通过哪些措施来防止细菌对接种工具、接种材料的污染？

（3）对外植体表面消毒时为什么常用“两次消毒法”？

2.4　植物器官分化与植株再生

2.4.1　实验目的

了解器官分化和植株再生的过程，掌握器官培养、分化的原理与技术及离体培养中的转接技术。

2.4.2　实验原理

植物离体器官发生是指在培养条件下离体的组织或细胞分化形成不定芽、根或花芽等器官的过程。早期对生长调节剂响应的基因及调节器官决定基因的上游基因能否启动表达是离体器官发生的关键。在含有诱导细胞分化的生长调节剂培养基上，愈伤组织可在短时间内分化出器官，再分化出大量试管苗，经过继代培养、生根培养，可获得完整的再生植株。

2.4.3 实验准备

2.4.3.1 仪器设备

高压灭菌锅、解剖刀、镊子、量筒（100mL、10mL）、烧杯（1000mL）、三角瓶（100mL）、牛皮纸、培养皿、移液器、三角瓶、玻璃棒、记号笔、微波炉、超净工作台、酒精棉球、酒精灯、火柴等。

2.4.3.2 主要试剂

培养基母液 、蒸馏水、0.1mol/L NaOH 溶液、0.1mol/L 盐酸、75%乙醇、95%乙醇等。

2.4.3.3 实验材料

白桦、茶条槭、山杨或沙枣的愈伤组织。

愈伤组织分化培养基分别如下：

白桦　IS+0.4～0.5mg/L 6-BA

茶条槭　WPM+0.01mg/L TDZ+0.1mg/L 6-BA

山杨　WPM+0.3～1.0mg/L 6-BA

沙枣　MS+0.1mg/L NAA+1.0mg/L 6-BA+3%蔗糖

以上培养基均含有 20g/L 蔗糖和 5.8g/L 琼脂。

2.4.4 实验方法

2.4.4.1 实验前的准备

(1) 配制培养基并灭菌。

(2) 将镊子、培养皿及所需无菌用品都进行高压蒸汽灭菌。

(3) 用水和肥皂洗净双手，穿上实验服，进入接种室。

(4) 打开超净工作台和无菌操作室的紫外灯，照射 20min。然后打开送风开关，之后关闭紫外灯，通风 10min 后，再打开日光灯进行无菌操作。

（5）用酒精棉球擦拭双手，然后用 70%乙醇喷雾降尘，并擦拭工作台面。

（6）点燃酒精灯，将镊子、解剖刀用酒精灯灭菌后放置冷却。

2.4.4.2　接种

（1）取 1 瓶愈伤组织材料，用左手将培养瓶倾斜，打开瓶口，使瓶口在酒精灯火焰上方略烧数秒。

（2）右手用镊子取出一块愈伤组织放在无菌培养皿内，用解剖刀将其切成 0.5cm^3 左右大小，然后迅速将其接种于准备好的分化培养基上，一般每瓶接种 4～5 块。

（3）将瓶口快速在酒精灯火焰上燎一下，封好瓶口，用记号笔写上编号、姓名和接种日期。

（4）将接种完的培养瓶放在培养室中，光照 16h/d，温度 22～25℃，培养 3～4 周。

2.4.5　实验结果

培养 3～4 周后，在愈伤组织上长出分化芽（图 2-6）。

图 2-6　由山杨愈伤组织分化获得的不定芽

2.4.6　注意事项与建议

（1）接种过程中，手不要在培养瓶和培养皿开口的上方经过，以防止污染物掉落到无菌苗上，造成人为污染。

（2）愈伤组织的诱导常常受很多因素的影响，如果转入分化培养基后3～4周仍然没有芽的形成，或愈伤组织状态没有变化，应及时调整培养基浓度，更换新鲜培养基。

2.4.7 实验报告

培养3～4周后，调查芽分化情况，统计愈伤组织分化率、每个愈伤组织形成的芽数，将结果填到表2-5中。

表2-5 诱导形成愈伤组织情况统计表

培养基类型	接种日期	接种数/个	生成芽所需时间/d	分化率/%	污染率/%

愈伤组织接种后，7～10d会有不定芽产生，有的愈伤组织会形成多个不定芽，有的只有几个。

2.4.8 思考题

（1）转接时，减少污染的关键环节是什么？

（2）影响器官分化的因素有哪些？

（3）简述生长素和细胞分裂素在促使愈伤组织形成器官分化过程中应如何合理使用。

（4）观察和分析愈伤组织诱导和器官分化的生长调节剂使用差异。

2.5 植物无菌苗的生根培养

2.5.1 实验目的

熟练掌握继代无菌苗生根培养技术。

2.5.2 实验原理

生长素能够刺激根的发生，但也能抑制根的生长，合适的生长素浓度是非常重要的。NAA可以使枝条基部的薄壁组织恢复分裂能力，产生愈伤组织，长出不定根。通过生根培养基的培养，不定枝可长出不定根。生根的单株苗一般只进行生长，不再分化不定芽，因此可起到壮基的作用。

2.5.3 实验准备

2.5.3.1 仪器设备

高压灭菌锅、解剖刀、镊子、量筒（100mL、10mL）、烧杯（1000mL）、三角瓶（100mL）、牛皮纸、培养皿、移液器、三角瓶、玻璃棒、记号笔、微波炉、超净工作台、酒精棉球、酒精灯、火柴等。

2.5.3.2 主要试剂

培养基母液、蒸馏水、NAA、0.1mol/L NaOH 溶液、0.1mol/L 盐酸、75％乙醇、95％乙醇等。

2.5.3.3 实验材料

继代培养的白桦、茶条槭、山杨或沙枣组培苗。

生根培养基分别如下：

白桦　1/2 MS＋0.2mg/L NAA 或者 1/2 MS＋0.3～0.5mg/L IBA

山杨　MS＋1.0mg/L IBA

茶条槭　WPM＋1.0mg/L IBA 或者 1/2 MS＋1.0mg/L IBA＋30g/L 蔗糖

沙枣　MS＋1.0mg/L IBA＋1.5％蔗糖

以上培养基均含有 20g/L 蔗糖和 5.8g/L 琼脂。

2.5.4 实验方法

2.5.4.1 实验前的准备

(1) 配制培养基并灭菌。

(2) 将镊子、培养皿及所需无菌用品都用高压灭菌锅进行灭菌。

(3) 用水和肥皂洗净双手，穿上实验服，进入接种室。

(4) 打开超净工作台和无菌操作室的紫外灯，照射 20min。然后打开送风开关，之后关闭紫外灯，通风 10min 后，再打开日光灯进行无菌操作。

(5) 上工作台后，用酒精棉球擦拭双手，然后用 70％乙醇喷雾降尘，并擦拭工作台面。

(6) 点燃酒精灯，将镊子、解剖刀用酒精灯灭菌后放置冷却。

2.5.4.2　接种

(1) 取一瓶组培苗，打开盖子，将瓶口迅速在酒精灯火焰上过一下。

(2) 用镊子取出试管苗放在无菌培养皿内，用解剖刀将其切成单株。

(3) 打开准备好的生根培养基，瓶口在酒精灯火焰上过一下，迅速将外植体竖直插入到培养瓶中，一般每瓶接种 4～5 个。

(4) 将瓶口快速在酒精灯火焰上过一下，封好瓶口，用记号笔写上编号、姓名和接种日期。

图 2-7　山杨无菌苗的生根情况

(5) 将接种完的培养瓶放在培养室中，光照 16h/d，温度 22～25℃，培养 1 周后观察生根情况。

2.5.5　实验结果

无菌苗在生根培养基中一般 7～10d 就会长出根来，如图 2-7 所示。

2.5.6　注意事项与建议

(1) 试管苗无论在试管内生根还是在试管外生根，都要求一定的适宜温度，一般为 16～25℃，温度过高或过低均不利于生根。

(2) 为使试管苗成功地移栽到试管外，再生根时，需减少培养基中糖含量和提高光照强度，糖一般约减少一半，光照强度则随植物种类不同而异，一般由原来的 300～500lx 或 500～1000lx 的水平提高到 1000～3000lx 或 5000lx 的水平。

(3) 试管嫩茎（芽苗）继代培养的代数也影响其生根能力，一般随着继代代数的增加，生根能力有所提高。

(4) 对于在固体培养基中较难生根的植物类型，可采用液体培养基，并在液体培养基上加一个滤纸桥进行生根培养，以解决试管苗固定和缺氧的问题。

(5) 生根培养中常用的生长素主要为 IBA、NAA、IAA 和 2，4-D 等，其中 IBA、NAA 使用最多。IBA 作用强烈，作用时间长，诱导根多而长；NAA 诱导根少而粗。一般认为 IBA（0.1～1.0mg/L）、NAA（0.1～1.0mg/L）有利于生根，两者可混合使用。

2.5.7　实验报告

培养 1～3 周后，调查生根情况，结果填到表 2-6 中。

表 2-6　试管苗生根情况统计表

编号	接种日期	接种数/个	根数/个	根长/cm	根的状态	生根率/%	污染率/%

无菌苗在生根培养基中生长 7～10d 会有不定根长出，15d 左右根会长长，同时会有许多根长出。

2.5.8　思考题

(1) 如何提高试管苗的生根率?

(2) 在试管苗不定根的形成中，植物生长调节剂起着什么样的作用?

2.6　植物组培苗的移栽与驯化

2.6.1　实验目的

熟练掌握组培苗移栽、驯化技术。

2.6.2　实验原理

试管内生根的目的是为了成功地将组培苗移植到试管外的环境中，也是使试管苗适应外部环境的一个过渡时期。为了提高试管苗移栽成活率，要对生根的试管苗进行炼苗驯化，使其逐渐适应外界环境。选择合适的基质，并配合以相应的管理措施，是试管苗移栽的关键。

2.6.3　实验准备

2.6.3.1　仪器设备

镊子、喷雾器、育苗盘、蛭石和珍珠岩等。

2.6.3.2 主要试剂

化学水肥、水等。

2.6.3.3 实验材料

山杨生根组培苗。

2.6.4 实验方法

2.6.4.1 炼苗

先将培养瓶从培养室拿到炼苗室（光强 2000lx、湿度 50%～65%、温度 22～25℃），然后去掉瓶盖，常温下放置几天（图 2-8），此时需注意保持空气湿度，并防止杂菌污染。

在去掉封口时采用培养基上加薄层水的处理效果较好，既可提高湿度又可减少杂菌生长，但若放置时间较长则需换水。待试管苗适应外界的光照、温度和湿度后再进行移栽，即可提高移栽成活率。

图 2-8 山杨生根组培苗进行炼苗

2.6.4.2 基质灭菌

可使用珍珠岩∶蛭石∶草炭土为 1∶1∶0.5 的基质，也可用沙子∶草炭土为 1∶1 的基质。将配制好的基质用高压灭菌锅灭菌。

栽种试管苗的基质要求具备透气性、保湿性和一定的肥力，且要进行灭菌处理，防止杂菌滋生，这有利于试管移栽苗根系的发育。

2.6.4.3 育苗盘准备

可以选择 6cm×6cm～10cm×10cm 的软塑料营养钵，也可用育苗盘或直接移于苗床。

2.6.4.4　试管苗脱瓶

将试管苗从培养的瓶中取出，取时要用镊子小心地操作，切勿把根系损坏，然后把根部黏附的琼脂漂洗掉，要求全部除去，而且动作要轻，以减少伤根伤苗。

琼脂中含有多种营养成分，若不去掉，一旦条件适宜，微生物就会很快滋生，从而影响植株的生长，甚至导致其烂根死亡。

2.6.4.5　移栽

移栽前，先将基质浇透水，并用一根筷子粗的竹签在基质中开一穴，然后再将植株种植下去，最好让根舒展开，并防止弄伤幼苗。

移栽是植物组培快繁中的最后一个环节，也是一个非常重要的工作环节，若这个环节做不好，就会造成所有的组培工作前功尽弃。

种植时幼苗深度应适中，不能过深或过浅，覆土后需把苗周围基质压实，也可只将容器摇几下待基质紧实即可，以防损伤试管苗的细弱根系和根毛。移栽时最好用镊子或细竹筷夹住苗后再将其种植在小盆内，移栽后需轻浇薄水，再将苗移入高湿的环境中，保证空间湿度达 90%以上。

2.6.4.6　移栽后的管理

3～5d 内给新出瓶的小苗类似瓶苗的光照，晴天湿度低时需要向叶片喷一些水，但不要给根部浇水太多，否则病菌易侵入，水分过多也会影响根的呼吸作用，导致新根发育缓慢。若控制好温度和湿度，小苗 7～10d 可长出新根，2 周后给正常的水分和肥料。

2.6.5　实验结果

移栽后的小苗经过一段时间后（3 周），将成活并伸出新叶，但也有出现萎蔫死亡和形成顶芽进入休眠状态的情况（图 2-9）。

2.6.6　注意事项与建议

(1) 在移栽初期必须提高周围的空气湿度（达 90%～100%），使叶面的水

图 2-9　移栽后的山杨组培苗

分蒸腾减少。尽量接近试管或培养瓶内的条件，才能保证小苗的成活。

（2）要防止菌类滋生，首先应对基质进行高压灭菌、烘烤灭菌或药剂灭菌，同时还需定期使用一定浓度的杀菌剂，以便更有效地保护幼苗，如浓度 800～1000 倍的多菌灵、托布津等，喷药间隔宜 7～10d 一次。

（3）在移苗时还应注意尽量少伤苗，伤口过多、根损伤过多，都易造成死苗。

（4）光照强度不宜太弱，以强度较高的散射光较好，最好能够调节，随苗的壮弱、喜光或喜阴、种植成活的程度而定，一般在 1500～4000lx，甚至 4000～10000lx。

（5）要成功移栽试管苗，必须掌握如下几个环节：①选择健壮的幼苗，要求节间短而粗壮、叶片大而浓绿，展叶 4 片以上，具有 3 条以上的根，根尖为黄白色，不发黑；②逐步增加光照强度和降低空气相对湿度，促使试管苗慢慢适应自然生长条件；③选用合适的驯化基质。

2.6.7　实验报告

记录试管苗移栽驯化步骤，统计移栽成活率，结果填入表 2-7。

表 2-7　试管苗移栽情况统计表

编号	移栽日期	移栽数/个	成活率/%	污染率/%

移栽苗生长5～7d后，小苗逐渐有了生长趋势，逐渐降低湿度，减少喷水次数，定期打开通风，15d后，小苗长壮。

2.6.8　思考题

（1）试管苗移栽难以成活的原因主要有哪些?

（2）根据你的实验经历，分析如何提高试管苗移栽成活率。

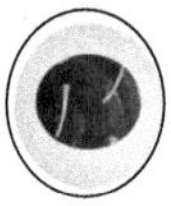

3. 模块三

植物细胞悬浮培养技术

植物细胞悬浮培养是在完全人工控制的条件下进行的，具有以下优点：不受地区、季节、土壤及有害生物的影响，可以全年生产且生产周期较短；通过改变培养条件和选择优良培养体系可以得到超过整株植物产量的代谢产物。

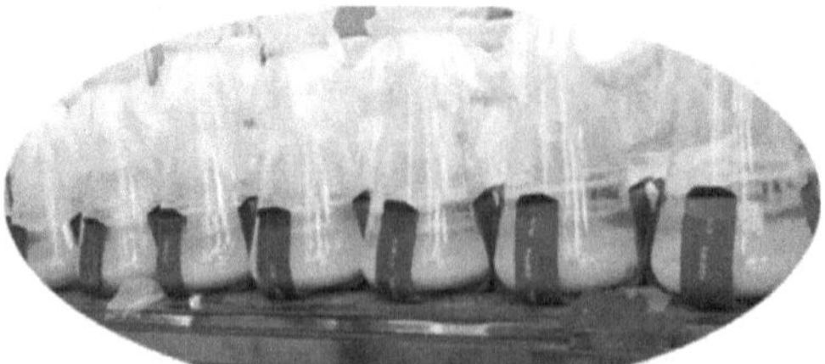

细胞悬浮培养是指将单个游离细胞或小细胞团在液体培养基中进行培养增殖的技术。早期的细胞培养一般先分离单细胞，由于分化程度差异，细胞生理状况不一致，培养效果较差，因而，现在多采用愈伤组织作为起始来源。植物细胞悬浮培养技术如图 3-1 所示。

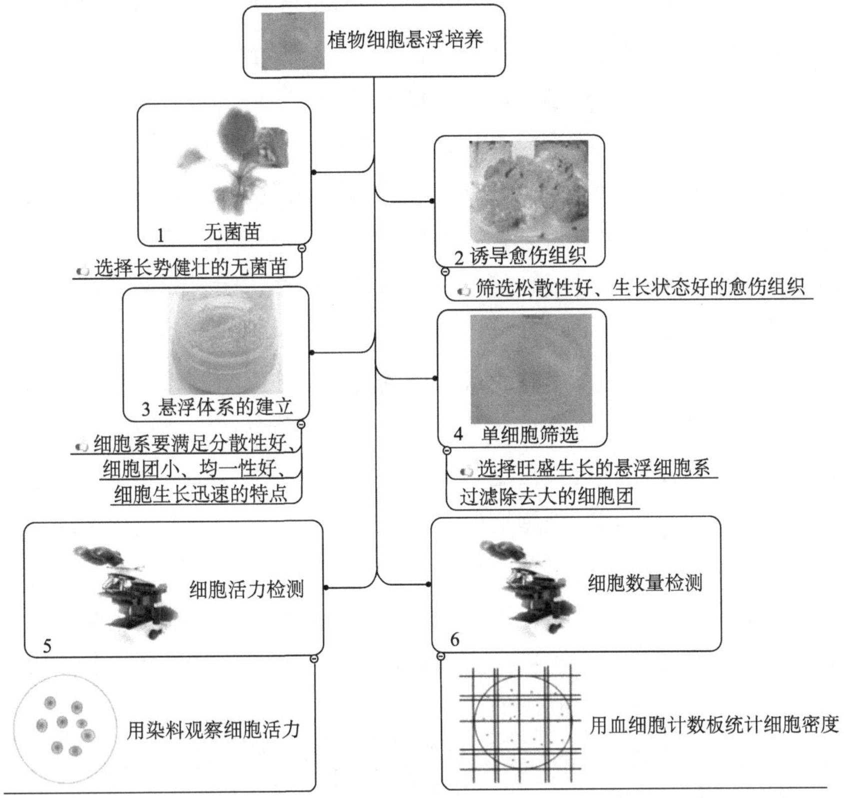

图 3-1　植物细胞悬浮培养技术

3.1　植物细胞悬浮培养与生长量的测定

细胞悬浮培养方法主要有分批培养法、半连续培养法和连续培养法三种。

(1) 分批培养法是指细胞和培养基一次性加入到培养容器中进行培养的方法，在培养过程中不添加营养成分。整个过程是一个时变过程，因为随着过程的进行，细胞及基质浓度等都随着时间而变化，培养基中基质浓度随培养时间增加而下降，细胞浓度和产物浓度则随培养时间的增加而增加。

分批培养时细胞数的变化呈S形曲线。细胞生长一般分为5个阶段：初期细胞很少分裂，细胞数增加不多，增长缓慢，称延迟期；中期生长最快，细胞数目迅速增加，增长速度较为稳定，称指数增长期；随后由于养分供应变差和代谢物积累，环境恶化，细胞分裂生长减慢称减速期；由于细胞浓度增高，营养供给不上、有害代谢物积累、细胞生长受到抑制，生成的和死亡的细胞大致相等时称平台期；最后养分基本耗尽，有害代谢物积累，细胞开始自溶、死亡，这时称衰退期。分批培养是较简便和最基本的一种培养方法。

（2）半连续培养法又称为重复分批培养或换液培养，即细胞在培养容器中培养一段时间后，将部分培养液更新（和新鲜培养液进行交换）的培养方法。

半连续培养中细胞培养液总体积不变，可不断补充培养液中的营养成分，减少接种次数，培养细胞所处的环境与分批培养法一样，随时间而变化。工业生产中常采用半连续培养法。

（3）连续培养法是在细胞达到最大密度之前，注入新鲜培养液同时抽取含有细胞的培养液，使培养物不断得到养分补充，并保持其恒定体积的培养方法。

连续培养使细胞能在近似恒定状态下生长，其间不会发生营养不足的现象，使细胞保持在对数生长期，细胞增殖速度快，适用于大规模工业化生产。

连续培养又可分为两种培养类型。

（1）封闭式连续培养。该类型排出的旧培养液由新鲜培养液补充，进入的和排出的培养液体积相等。由于把排出细胞收集，重新放入培养系统继续培养，所以培养系统中的细胞数目不断增加。

（2）开放式连续培养。该类型在连续培养期间，新鲜培养液的注入速度等于旧培养液的排出速度，细胞也随悬浮液一起排出，不再收集流出的细胞。由于流出的细胞数相当于培养系统中新细胞的增加数，因此，培养系统中的细胞密度保持恒定。

3.1.1　实验目的

了解细胞悬浮系建立的全过程，掌握细胞悬浮培养技术及其生长量的测定方法。

3.1.2　实验原理

当植物的组织在液体培养基中生长时，通过振荡培养或向培养基中通气可以改善培养基中氧气的供应，使愈伤组织上分裂的细胞不断游离下来，分散在液体培养基中，并保持良好的分散生长状态。

良好的悬浮培养物应具备以下特征：①悬浮培养物分散性好，细胞团小；②细胞具有旺盛的生长和分裂能力，增殖速度快；③大多数细胞在形态上应具有分生细胞的特征，它们多呈等径形，核质比大，胞质浓厚，无液泡化程度较低。要建成这样的悬浮培养体系，首先需要有良好的起始培养物——迅速增殖的疏松型愈伤组织。

植物细胞的重量分为鲜重和干重，和细胞数目有一定的关系，可作为检测细胞数目的间接方法。

3.1.3　实验准备

3.1.3.1　仪器设备

超净工作台、移液器、酒精灯、注射器、电子天平、摇床、细胞铲、镊子、三角瓶、高压灭菌锅、细胞筛等。

3.1.3.2　主要试剂

MS 培养基所需的试剂、1mol/L 氢氧化钠溶液、1mol/L 盐酸、果胶酶等。

3.1.3.3　实验材料

诱导培养的茶条槭、白桦和沙枣的愈伤组织。

液体悬浮培养基分别如下：

茶条槭　（3 倍大量元素）WPM＋ 0.008mg/L TDZ＋0.1mg/L 6-BA

白桦　NT＋0.1mg/L 6-BA＋0.01mg/L TDZ

沙枣　NT＋0.1mg/L 6-BA＋0.1mg/L TDZ

以上培养基均含有 20g/L 蔗糖和 5.8g/L 琼脂。

3.1.4　实验方法

3.1.4.1　细胞的悬浮培养

（1）配制液体培养基，分装于 250mL 的三角瓶中，每瓶 50mL，高压灭菌，备用。

（2）在超净工作台上，用镊子夹取或用细胞铲将松软的愈伤组织从原瓶中取出，称取 1～2g 放在事先准备的含液体培养基的培养瓶中。也可以用无菌注射器向培养瓶注入果胶酶 1mL（2%的果胶酶用过滤灭菌器过滤），轻轻摇匀。

果胶酶由黑曲霉经发酵精制而成。其外观呈浅黄色粉末状，是分解果胶的一种多酶复合物，可催化植物细胞间质（即果胶质）水解成半乳糖醛酸和果胶酸。

天然的果胶质在果胶酶作用下，转化成水可溶性的果胶；果胶被果胶甲酯水解酶催化去掉甲酯基团，生成果胶酸；果胶酸经果胶酸水解酶类和果胶酸裂合酶类降解生成半乳糖醛酸。

果胶酶最适作用 pH 为 3.5～4.5，最适作用温度为 40～50℃。

(3) 将已接种的培养瓶置于旋转式摇床上，在转速 100～120r/min，25℃下进行振荡培养。

(4) 对于加果胶酶组，就要在细胞培养 24h 后，将培养物收集到 50mL 的离心管中，在 800r/min 下离心 5min，去除含有果胶酶的培养基，加入新鲜的液体培养基，摇匀再离心一次，去除上清液，然后按照细胞与培养基 1∶10 的比例接种到三角瓶中。

(5) 对于未加果胶酶组，就可以连续培养 6～14d 后，观察细胞的增殖情况。如果增殖明显，就要向培养瓶中补加 10～15mL 新鲜的液体培养基。增殖不明显的，可能是起始材料不适宜悬浮培养，应考虑用旺盛增殖期的愈伤组织重新接种。

3.1.4.2　培养细胞的生长量测定

1) 鲜重测定

细胞的生长量测定一般用来绘制细胞增长曲线，所以要求每隔 2d 取样 1 次，共取 7 次，每个样品重复 3 次，整个实验进行期间不再往培养瓶中换入新鲜液体培养基。一般采用精度 0.0001g 电子分析天平称重。

采用直接测量法，将悬浮培养的细胞用细胞筛过滤，过滤后用水冲洗，除去培养基，然后离心除去水分。将获得的沉淀细胞称量即为悬浮细胞的鲜重。

2) 干重测定

将鲜重测定得到的细胞置于 60℃烘箱内烘 12～24h（因材料大小、数量多少而定）取出，冷却后立即称量，即为悬浮细胞干重。

3.1.5　注意事项与建议

（1）细胞培养要勤于观察，了解细胞生长规律和习性。

（2）在液体悬浮培养过程中应注意及时进行细胞继代培养，因为当培养物生长到一定时期将进入分裂的静止期。

3.1.6　实验结果

经过培养得到生长旺盛的茶条槭悬浮细胞如图 3-2 所示，生长量应为接种时的 2～5 倍。

图 3-2　悬浮培养的茶条槭细胞

3.1.7　实验报告

分别在培养 2d、4d、6d、8d、10d、14d、16d、18d 取材，称量细胞鲜重并烘干后，称量其干重。

细胞生长量（g）＝培养前重量－培养后重量

以时间为横坐标，鲜重和干重为纵坐标，绘制细胞生长曲线。

3.1.8　思考题

（1）植物细胞悬浮培养过程中为什么要控制细胞的密度？如何控制？植物细

胞培养和微生物细胞培养有何异同?

(2) 悬浮培养的关键环节是什么?

(3) 悬浮培养的优点和缺点是什么?

(4) 细胞培养的操作方式有哪些? 各有什么特点?

3.2 植物单细胞的分离

3.2.1 实验目的

掌握单细胞分离的原理与方法。

3.2.2 实验原理

将外植体、愈伤组织或细胞团切割、振荡或酶解，然后用适当孔径的不锈钢筛网过滤，除去大的细胞团和残渣，从而获得单细胞。

3.2.3 实验准备

3.2.3.1 仪器设备

超净工作台、低温离心机、研钵、电子分析天平、细胞筛、摇床、酒精灯等。

3.2.3.2 主要试剂

10μmol/L $MgCl_2$、20 μmol/L Tris-HCl 缓冲液 (pH 7.8)、20μmol/L 蔗糖、70%乙醇、2%NaClO、果胶酶、纤维素酶、MS 或 B_5 液体培养基。

3.2.3.3 实验材料

茶条槭叶片、愈伤组织或白桦叶片。

3.2.4 实验方法

单细胞的分离：可以由完整的植物器官直接分离单细胞，也可以用培养组织(如愈伤组织) 分离单细胞。下面将详细介绍。

3.2.4.1 从外植体直接分离单细胞

要从完整植物器官中分离单细胞，通常采用机械法和酶解法。机械法分离叶肉细胞是先把叶片轻轻研碎，然后通过过滤和离心回收细胞。酶解法分离细胞是利用果胶酶、纤维素酶处理，分离出具有代谢活性的细胞。该法不仅能降解中胶层，而且还能软化细胞壁，所以在用酶解法分解细胞的时候，必须对细胞给予渗透压保护。

机械法和酶解法比较。机械法：细胞不受到酶的伤害；不用质壁分离，有利于进行生理和生化研究；但细胞产量低；容易使细胞结构受到伤害。酶解法：细胞受到酶的伤害；要质壁分离；细胞产量高；细胞不易破。

1）机械法

（1）取植物叶片，用 70%乙醇和 2% NaClO 消毒，方法同 2.3 节中的外植体消毒法。

（2）在研钵中加入 10g 叶片和 40mL 研磨介质［20μmol/L 蔗糖＋10μmol/L $MgCl_2$＋20μmol/L Tris-HCl（pH 7.8）缓冲液］轻轻研磨。

（3）将匀浆用双层细纱布或细胞筛进行过滤。

（4）3000r/min 低速离心 5min，游离细胞会沉降到离心管底部，得到分离的单细胞。

2）酶解法

（1）取植物叶片，用 70%乙醇和 NaClO 消毒，方法同 2.3 节中的外植体消毒法。

（2）向 1.5g $1cm^2$ 大小的叶片中加入果胶酶，酶解 2～12h。

（3）用细胞筛进行过滤。

（4）3000r/min 低速离心，去碎屑，游离细胞沉降。

（5）将得到的细胞进行植板培养。

3.2.4.2　从愈伤组织分离单细胞

（1）诱导得到的愈伤组织继续增殖，15～20d 继代 1 次，选择松散的旺盛（胚性）愈伤组织用于悬浮培养。

（2）将分散性好的愈伤组织，按 40 g/L 的量接种于 MS 液体培养基中，置于摇床上，转速为 100～120 r/min 振荡培养，获得悬浮细胞。

振荡培养的优点：可使细胞成为小细胞团或单细胞；在培养基中均匀分布；有空气交流。

(3) 将悬浮培养物分别经 100μm 和 200～300μm 孔径不锈钢细胞筛过滤 2 次，除去大块细胞团，收集滤液。

(4) 再以 4000r/min 速度离心 5～10min，除去小的细胞团，得到纯净的单细胞悬浮液。

3.2.5 注意事项与建议

(1) 实验中所用的试剂、器械等都是无菌消毒的，而且还要注意实验操作过程中的无菌操作。

(2) 培养基的选择要适合单细胞的生长。

图 3-3 单细胞

3.2.6 实验结果

经过筛选培养，得到的单细胞如图 3-3 所示。

3.2.7 实验报告

简述植物单细胞分离的方法，并比较不同方法和植板率的差别。

3.2.8 思考题

(1) 植物单细胞的分离和原生质体的分离有什么不同?

(2) 影响单细胞分离的因素有哪些?

3.3 植物单细胞的培养

悬浮培养是在液体流动的情况下进行的，不能对某一个细胞进行定点观察和分析，也就不能进行定点选择。单细胞培养可以观察细胞个体的分裂、分化、生长和繁殖情况，可以通过单细胞分裂、繁殖获得细胞团，进而得到从单细胞形成的细胞系。植物单细胞培养包括以下三种（图 3-4）方法。

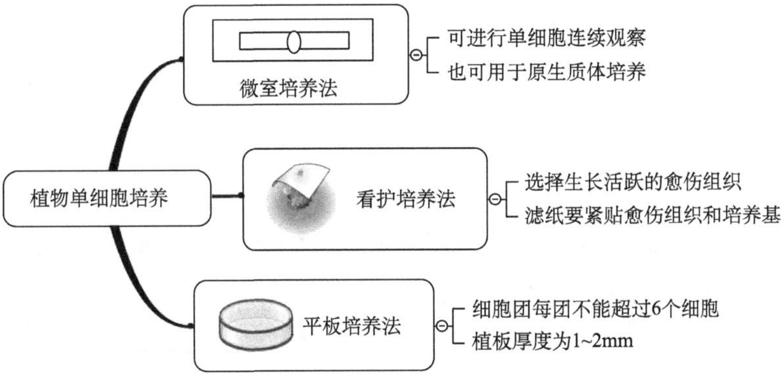

图 3-4　单细胞培养方法

3.3.1　植物单细胞微室培养法

3.3.1.1　实验目的

掌握单细胞微室培养的方法及特点。

3.3.1.2　实验原理

微室培养法是指将单细胞培养在少量的培养基中。该法主要用来观察细胞生长、分裂、形成细胞团的过程。它可在暗视野（或相差显微镜）下清楚地观察到活细胞的各种变化，甚至还可以观察到线粒体的变化。

微室培养法的优点：有利于对细胞特性的研究；有利于对单个细胞的生长、分裂、分化等情况进行全程跟踪研究。其缺点是培养时间较短。

3.3.1.3　实验准备

1）仪器设备

超净工作台、酒精灯、载玻片、盖玻片、培养皿、喷壶等。

2）主要试剂

75％乙醇、培养基、石蜡油。

3）实验材料

分离获得的单细胞。

3.3.1.4　实验方法

（1）将洗净的盖玻片与载玻片在酒精灯火焰上消毒，冷却后按盖玻片大小在载玻片上加一圈石蜡油，构成微室的“围墙”。

（2）在“围墙”左右两侧再各加一滴石蜡油，每滴之上置一张盖玻片作为微室的“支柱”。

（3）在载玻片上石蜡油构成的“围墙”内滴一滴固体培养基，中间接一小块愈伤组织，再将细胞悬浮液滴一小滴在固体培养基周围。

（4）将第三张盖玻片架在两个“支柱”之间，构成微室的“屋顶”。

（5）带有培养物的微室放在培养皿中，可以按需要放在培养箱或培养室中，温度25～28℃，光照或黑暗的条件下进行培养。

（6）当细胞团长到一定大小时揭掉盖玻片，把细胞团转移到新鲜培养基上培养。

微室培养操作步骤如图3-5所示。

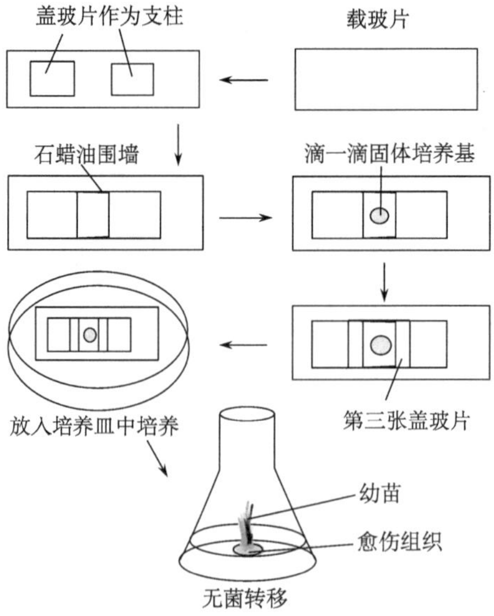

图3-5　微室培养操作步骤图

3.3.1.5　注意事项与建议

（1）细胞悬浮液要与四周“围墙”之间有一定的距离。
（2）观察或照相时一定要在同一温度下进行。
（3）盖玻片盖上后要使它与细胞悬浮液滴相接触。

3.3.1.6　实验结果

培养几天后可以看到接近愈伤组织块的单细胞首先分裂，然后按照单细胞与愈伤组织块的距离，由近到远相继看到单细胞分裂现象。

3.3.1.7　实验报告

观察并描述微室培养后细胞的分裂情况。

3.3.1.8　思考题

（1）为什么愈伤组织可以促进单细胞分裂繁殖？
（2）比较不同单细胞培养方法的异同。

3.3.2　植物单细胞看护培养法

3.3.2.1　实验目的

掌握单细胞看护培养法及其特点。

3.3.2.2　实验原理

看护培养法就是用一块活跃生长的愈伤组织块来看护单个细胞，并使其生长和增殖的方法。此法简单易行，易于成功，但不能在显微镜下直接观察细胞生长过程。

> 看护培养法的优点是简便易行、效果好、易于成功；缺点是不能在显微镜下直接观察细胞的生长过程。

3.3.2.3　实验准备

1）仪器设备

超净工作台、酒精灯、三角瓶、移液器、喷壶等。

2）主要试剂

75%乙醇、培养基。

3）实验材料

茶条槭单细胞。

3.3.2.4　实验方法

（1）在一个培养瓶中加入一定量厚度的固体培养基，灭菌后备用。

（2）在无菌条件下，将一小块（1～2cm^3）生长活跃的愈伤组织接种到固体培养基上。

（3）在愈伤组织块上方放置一片面积为 1cm^2 的无菌滤纸，滤纸下方紧贴培养基和愈伤组织，放置 1 夜。

（4）用移液器取 200～500μL 稀释好的单细胞悬液，接种在无菌滤纸上面。

（5）恒温培养。

3.3.2.5　注意事项与建议

（1）要选择生长旺盛的愈伤组织。

（2）注意要无菌操作。

（3）愈伤组织和培养细胞可以是来自同一植物的，也可以是来自不同植物的。

3.3.2.6　实验结果

培养基和愈伤组织供给单细胞营养使细胞能持续分裂形成细胞团。一般 1 个多月后，单细胞可分裂成为肉眼可见的愈伤组织小块，待 2～3 个月后即可将其从滤纸上直接转移到新鲜培养基上，得到单细胞无性系。

3.3.2.7　实验报告

观察并描述看护培养后细胞的分裂情况，并统计污染率和存活率。

3.3.2.8　思考题

看护法在单细胞培养中的作用是什么？

3.3.3　植物单细胞平板培养法

3.3.3.1　实验目的

掌握单细胞平板培养法的含义及特点。

3.3.3.2　实验原理

单细胞平板培养法，即单细胞克隆技术，简称平板培养法，是指将单个细胞与融化的琼脂培养基均匀混合，并平铺一薄层（1mm）在培养皿底部进行细胞培养的方法。该方法是选择优良单细胞株的常用方法，显微镜下可对细胞分裂增殖进行全程追踪观察。

3.3.3.3　实验准备

1）仪器设备

超净工作台、酒精灯、三角瓶、移液器、喷壶等。

2）主要试剂

75％乙醇、培养基（液体和固体）。

3）实验材料

白桦、茶条槭的单细胞。
培养基同实验 3.1 节。

3.3.3.4　实验方法

（1）单细胞悬浮液的制备，参照 3.1 节。
（2）单细胞悬浮液的密度调整。密度调整到 $10^3 \sim 10^5$ 个/mL。

> 密度一般为植板细胞密度的 2 倍。
> ① 如果密度过大，加入液体培养基进行稀释。
> ② 如果密度小，通过低速离心使细胞沉降后，再加入适量液体培养基。

（3）单细胞悬浮液与琼脂培养基等量混合。混合均匀后，将含有细胞的培养基倒在培养皿中制成平板，用胶带封口，在 25℃的条件下培养，定期观察。大约 3 周后即形成单细胞无性系。

琼脂培养基温度 40℃。

平板培养操作步骤如图 3-6 所示。

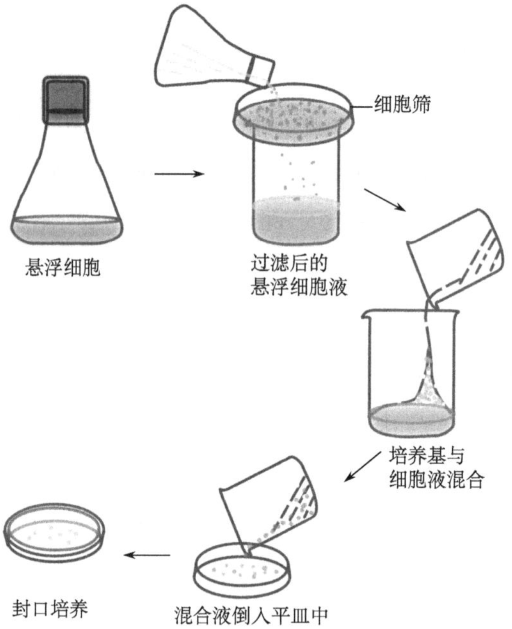

图 3-6　平板培养操作步骤

3.3.3.5　实验结果

平板培养的效果一般用植板率衡量。

$$植板率=\frac{每个平板中所形成的细胞团数}{每个平板中接种的总细胞数}\times 100\%$$

3.3.3.6　实验报告

根据植板率公式计算，观察并简述平板培养的效果。

3.3.3.7　注意事项与建议

(1) 当细胞植板密度过高（10^4 个/mL 或 10^5 个/mL），要对使用的与悬浮培养中或愈伤组织培养中成分相似的液体培养基进行稀释。

(2) 要选择适合单细胞培养的培养基。

(3) 培养期间对细胞频繁的镜检会影响细胞的生长，应尽量减少镜检次数。

3.3.3.8　思考题

在进行植物单细胞培养时，细胞密度过大或过小会对培养结果产生什么影响?

3.4　植物悬浮培养细胞计数和活力测定

3.4.1　实验目的

掌握细胞数量统计方法及细胞活力的检测方法。

3.4.2　实验原理

细胞数量通常采用血细胞计数板进行统计。细胞体积在一定范围能够反映细胞数目的增殖状态。在细胞培养过程中，总有一些细胞因各种原因而死亡，在总细胞中活细胞所占的百分比称为细胞活力。细胞活力采用荧光法或染色法测定。荧光素二乙酸酯（FDA）本身无荧光，无极性，可自由透过原生质体膜进入细胞内部。进入后由于受到活细胞中内脂酶的分解，它可产生有荧光的极性物质——荧光素，荧光素则不能自由出入原生质体膜。所以在荧光显微镜下，可观察到具有荧光的细胞。具有荧光的细胞是有活力的细胞；相反，不具有荧光的细胞是无活力的死细胞。而染色法的原理是有活力的细胞具有选择性吸收外界物质的特性，当用染色剂处理时，活细胞拒绝染色剂的进入，因此染不上色，死细胞可吸附大量的染色剂而染上颜色。

3.4.3　实验准备

1）仪器设备

普通显微镜、荧光显微镜、血细胞计数板、移液器、吸管、酶标仪（或分光光度计）等。

2）主要试剂

0.02%荧光素二乙酸酯（FDA）、染色剂乙酸洋红、埃文思蓝、甲基蓝等，选择一种配制成浓度为0.005%～0.01%的溶液。

荧光素二乙酸酯（fluorescein diacetate，FDA）是酯酶底物，是用于组织化学检验的荧光基质。它可用于活细胞染色、细胞内相互作用及细胞膜渗透性的研究。FDA 可透过细胞膜并作为荧光素积蓄在活细胞内。由于荧光素较 BCECF 或钙黄绿素（calcein）的亲水性低，因此荧光素从细胞中渗漏的量也高。FDA 也可用于流式细胞仪，其激发和发射波长分别为 488 nm 和 530 nm。

3）实验材料

悬浮培养的植物细胞。

3.4.4 实验方法

3.4.4.1 悬浮培养细胞的计数

（1）将血细胞计数板和盖玻片擦拭干净。

（2）吸取 1 小滴细胞悬浮液至计数板上。

（3）将盖玻片由一边向另一边轻轻盖上，再用两只拇指压紧盖玻片两边，使盖玻片和计数板紧密结合，以防止形成气泡。

（4）静置 3min，使细胞沉降至载玻片表面。

（5）将血细胞计数板放于显微镜载物台上，移动载物台直到将 3 条平行线界定的 25 个小方格的网格位于中央为止。计数 25 个小方格内的总细胞数（染色和未染色的）（为了便于计数，它们每一个小方格又再分为 16 个更小的方格）。为了避免将同 1 个细胞重复计数，只数三线隔开的压上线、左手线和中央区的细胞。如果细胞数大，可用 1 个血细胞计数板。

镜下看到由两个以上细胞组成的细胞团，应按单个细胞计算，若细胞团占 10%以上，说明分散不好，需重新制备细胞悬液。

血细胞计数板是特制的厚型载玻片，载玻片上由 4 个槽构成 3 个平台。中间的平台较宽，其中间又被 1 个短横槽分隔成两半，每个半边上面各刻有 1 个小方格网，每个方格网共分 9 个大方格，中央的 1 个大方格作为计数用，称为计数区。计数区的刻度有 2 种：一种是计数区分为 16 个中方格（大方格用三线隔开），而每个中方格又分成 25 个小方格；另一种是 1 个计数区分成 25 个中方格（中方格之间用双线分开），而每个中方格又分成 16 个小方格。计数区边长为 1mm，则计数区的面积为 $1mm^2$，每个小方格的面积为 $1/400mm^2$。盖上盖玻片后，计数区的高度为0.1mm，所以每个计数区的体积为0.1mm^3，每个小方格的体积为1/4000mm^3。

（6）每个样品计数重复5次，求平均，然后按照下面公式算出单位体积中细胞数量。

细胞数（个/mL）＝5个中方格的细胞数×50×1000

3.4.4.2　细胞活力测定

1）荧光法

（1）吸出0.5mL细胞悬浮液放入1.5mL离心管中，加入0.5mL 0.02%的FDA溶液，使其最后浓度达到0.01%。混匀后在常温下作用5min。

（2）荧光显微镜观察，经观察发出绿色荧光的细胞为有活力的细胞，不产生荧光的细胞为无活力的死细胞。

荧光显微镜观察时，要求室内光线不能太强，最好是黑暗状态。

（3）活力统计，细胞活力是用有活力的细胞数占总观察细胞数的百分数来表示。

2）染色法

（1）吸出0.2mL细胞悬浮液滴在载玻片上，将染色剂滴加在细胞悬液上。

（2）静置数分钟。

染色时间不宜过长，否则活细胞也会染上颜色。

（3）轻轻盖上盖玻片，在显微镜下观察，统计未染色细胞占细胞总数的百分比。

3.4.5　实验结果

通过显微镜观察，可以检测到细胞的活性，如图3-7所示。

3.4.6　实验报告

根据结果统计，按照下面公式进行计算。

（1）存活率：

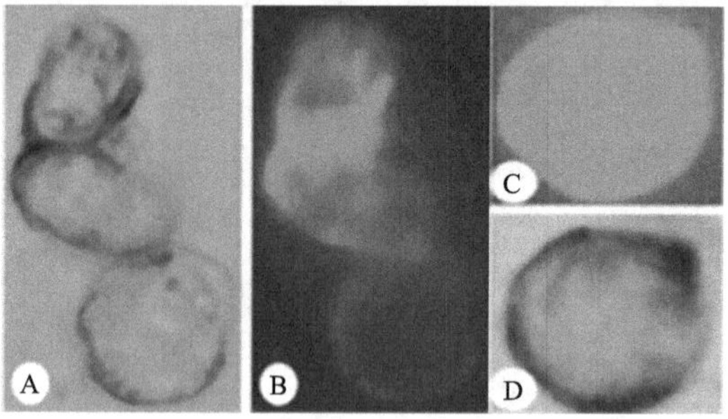

图 3-7 显微镜下观察的细胞活力情况

A、D 为透射光观察图；B、C 为荧光观察图

$$存活率=\frac{活细胞数}{活细胞数+死细胞数}\times 100\%$$

（2）细胞悬液的细胞浓度：

细胞浓度（个/mL）＝1 个大格（25 个小格）的平均细胞数 $\times 10^4$

（3）细胞悬液总细胞数＝细胞浓度（个/mL）×总体积

（4）细胞悬液总的活细胞数＝总细胞数×存活率（%）

3.4.7 注意事项与建议

（1）叶肉细胞由于受叶绿素的干扰，有活力的细胞可发出黄绿色的荧光而不是绿色荧光。无活力的死细胞，则发出红色荧光。

（2）使用显微镜时，要防止物镜被污染，如果已被污染要立即用 95%乙醇擦拭干净。

3.4.8 思考题

（1）细胞数目统计时要注意哪些事项？

（2）用显微镜观察细胞时应注意哪些事项？

3.5 植物悬浮培养细胞的植板率和有丝分裂指数测定

3.5.1 实验目的

掌握细胞直板率和细胞有丝分裂指数测定的原理与计算方法。

3.5.2　实验原理

植物单细胞平板培养法是筛选高产细胞系的基础。用平板培养法培养单细胞或原生质体时，细胞的增殖状况常以植板率来表示，即能长出细胞团的细胞占接种细胞总数的百分数。

有丝分裂指数（mitotic index）是指在某一分裂组织或细胞群中，处于有丝分裂M期的细胞数占其总细胞数的百分数，它是表示细胞繁殖活动程度的指数，即分裂指数越高，说明细胞分裂速度越快，反之则越慢。因此，有丝分裂指数可以用来比较细胞分裂频率的高低。

3.5.3　实验准备

1）仪器设备

显微镜、载玻片、镊子、滴瓶、酒精灯、石蜡膜等。

2）主要试剂

卡宝品红溶液、加拿大树胶、70%乙醇。

3）实验材料

茶条槭、白桦的悬浮细胞。培养基同3.1节。

3.5.4　实验方法

3.5.4.1　植板率测定

(1) 制备细胞悬浮培养物，经细胞筛过滤，获得适于平板培养的细胞悬浮液。

(2) 利用血细胞计数板测定细胞密度，用液体培养基调节悬浮细胞密度到5×10^5个/mL。

平板培养要求最初细胞密度（即初始植板密度）为$1\times10^4\sim100\times10^8$个/mL。

(3) 培养基的制备，参考2.2节。

(4) 培养平板的制作。

将1份已调好细胞密度的单细胞悬浮液与4份35℃的固体条件培养基充分混合均匀，倒入各个无菌培养皿，使培养基的厚度在5mm左右。盖上培养皿以石蜡膜密封，进行培养。

固体培养基温度不宜高，否则细胞会失去活力。

(5) 当细胞团肉眼可见时计数，可用倒置显微镜或实体显微镜观察并拍照 。

3.5.4.2 有丝分裂指数的测定

(1) 取一定体积的悬浮培养细胞，离心沉淀后将细胞吸于载玻片上。

(2) 加一滴卡宝品红溶液于细胞上。

(3) 将细胞载玻片在酒精灯上微热后，再盖上盖玻片，轻击盖玻片。

(4) 将盖玻片轻轻揭下，用70%乙醇将盖玻片和载玻片上的细胞洗一下，然后将盖玻片安放于一片新的载玻片上。而原来的载玻片上，则盖上一片新的盖玻片，片子上均放优巴拉尔胶（euparal）或溶于叔丁醇的加拿大树胶封片。

(5) 将上述方法制成的片子，用油镜检查1000个细胞，随后计算出分裂指数。

3.5.5 实验结果

通过观察，计算细胞植板率并将有丝分裂指数绘成曲线，如图3-8所示。

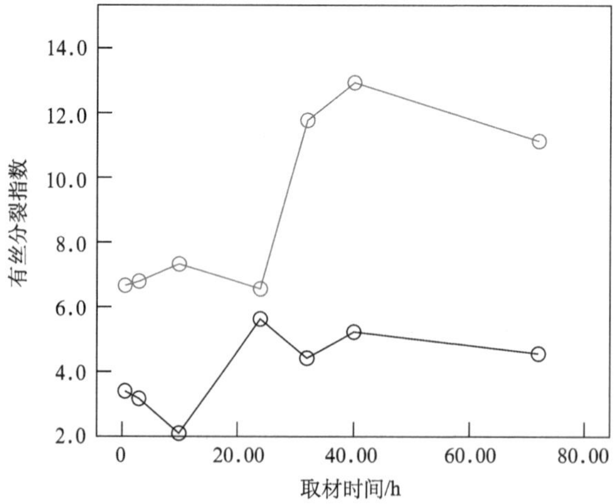

图3-8 细胞有丝分裂指数示意图

3.5.6　实验报告

根据观察结果和公式计算细胞植板率，并将有丝分裂指数绘成曲线。

$$植板率=\frac{每平板形成的细胞团数}{每平板接种的细胞总数}\times 100\%$$

每平板接种的细胞总数＝每毫升培养液中的细胞数目×该平板细胞培养的毫升数

每平板形成的细胞团数的计数方法可选择低倍显微镜下直接计数或用细胞团显影法计数。

3.5.7　注意事项与建议

（1）操作中注意防止污染。

（2）选用悬浮培养 10～15d 的悬浮细胞为材料效果较好，植板率较高，而悬浮培养 3d 的细胞克隆植板率最低。

（3）研究发现，悬浮培养前 3 代细胞植板率呈现上升趋势，3 代后细胞随着代数增加活力下降，因而植板率降低。

3.5.8　思考题

影响植物细胞植板率的因素有哪些?

3.6　植物细胞的超低温保存

3.6.1　实验目的

掌握超低温保存的原理与技术，掌握离体细胞保存的优点和方法。

3.6.2　实验原理

超低温保存是将植物的离体材料经过一定的方法处理后，在超低温(－196℃液氮）条件下进行保存的方法。超低温下细胞所有的代谢活动和生长几乎停止，不会发生遗传性状的变异，同时超低温避免了细胞内水分结冰，从而防止解冻过程中细胞内水分再次结冰引发的细胞死亡。

3.6.3 实验准备

3.6.3.1 仪器设备

超净工作台、灭菌锅、水浴锅、低温冰箱、−20℃冰箱等。

3.6.3.2 主要试剂

液体培养基、聚乙烯吡咯烷酮（PVP）、水解酪蛋白（CH）、琼脂、蔗糖、二甲基亚砜（DMSO）、山梨醇、聚乙二醇（PEG）、甘油、葡萄糖等。

3.6.3.3 实验材料

茶条槭悬浮细胞。

3.6.4 实验步骤

（1）植物材料的选取：选择生长旺盛的对数生长期的细胞作为冷冻材料。

（2）材料的预处理：将培养材料转入含有 4%、6%、8%蔗糖的液体培养基中培养，每种浓度下分别培养 4d、6d、8d、10d、12d。

材料预处理主要是为了加速继代，提高培养基的渗透压。

（3）冷冻剂预处理：将预处理的材料约 100mg 加入冷冻保存管中，加入冷冻剂（10%DMSO+8%葡萄糖），使之浸没细胞，密封，0℃下静置 30min。

（4）冷冻处理：冷冻处理有三种方法，分别是慢冻法、快冻法和逐步冷冻法。① 慢冻法是将预处理材料缓慢降温至−40℃，降温速度 1～5℃/min，在−40℃放置 180min，然后投入液氮中。② 快冻法是将材料从 0℃或者其他预处理温度直接投入液氮中，其降温速度在 100～1000℃/min 以上。③ 逐步冷冻法是将预处理材料放置在−20℃中停留 180min，然后转入−70℃中停留 30min，最后投入−196℃液氮中保存。

（5）解冻：将保存材料的离心管取出后立即放入 34～40℃水浴锅中解冻，待离心管内冰刚融化时，立即加入等体积的液体培养基进行冲洗，然后吸取培养液，再用同样的方法洗涤 2 次，每次 10min。

液泡小、含水量少的细胞可快速解冻。液泡大、含水量高的细胞则采用慢速解冻法。

（6）再培养：将洗涤的细胞接种到新鲜的液体培养基中，暗培养。

冻存的材料一般在黑暗或弱光下培养1～2周，再转入正常光下培养。再培养所用的培养基一般是与保存前相同的，但有时需在培养基中附加一定量的PVP、水解酪蛋白等成分以利于生长的恢复。

3.6.5　实验结果

将冻存后的细胞进行再培养，可获得复活并分裂的细胞，表明超低温保存方法是可行的。

3.6.6　实验报告

描述低温保存材料复活的过程，并比较不同冷冻处理的效果。

3.6.7　注意事项与建议

（1）为了掌握超低温保存材料的遗传变异情况，有必要在保存材料的恢复和再生阶段建立有效的检测体系。

（2）玻璃化冻存的材料在保存终止后，要求快速化冻，以防止由于次生结冰对组织细胞造成的伤害。

（3）低温保存一定要使用防冻剂，因为在没有添加防冻剂的情况下保存材料经历低温后是很难存活下来的。

3.6.8　思考题

（1）试简述超低温保存的意义。

（2）影响离体细胞遗传完整性的主要因素有哪些？

（3）如何减少细胞离体保存过程中的变异？

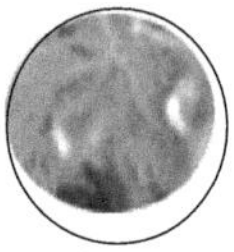

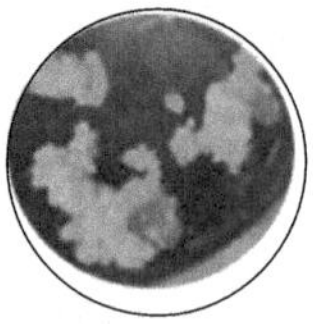

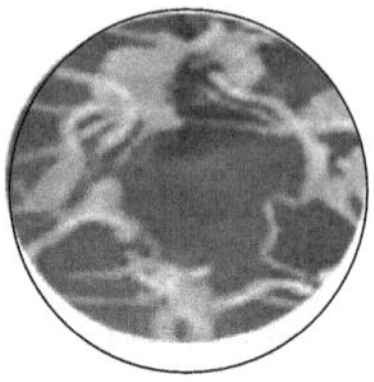

4. 模块四

植物体细胞胚发生

植物组织培养中各种器官、外植体、悬浮培养的细胞和原生质体都可以形成类似合子胚的结构，它被称为不定胚或胚状体。经体细胞胚发生形成的胚状体称为体细胞胚。成熟的体细胞胚诱导技术有繁殖效率高、系数大、不受自然条件制约、产物可作为基因工程的受体系统等优点，在繁殖周期相对较长的木本植物改良中，具有广阔的应用前景。

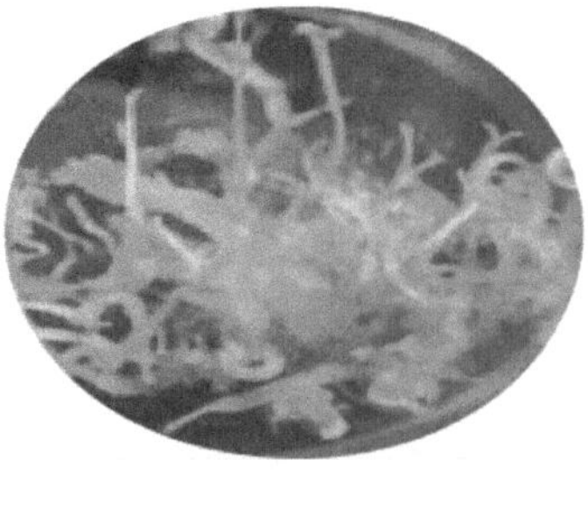

体细胞胚发生是细胞工程中植株再生的重要途径之一，是研究植物细胞全能性、器官分化及其形态建成的理想实验体系，对于进行体细胞融合、突变体筛选、种质资源保存、人工种子研制、基因转化技术及优良材料扩繁等都具有重要的意义。体细胞胚诱导技术如图 4-1 所示。

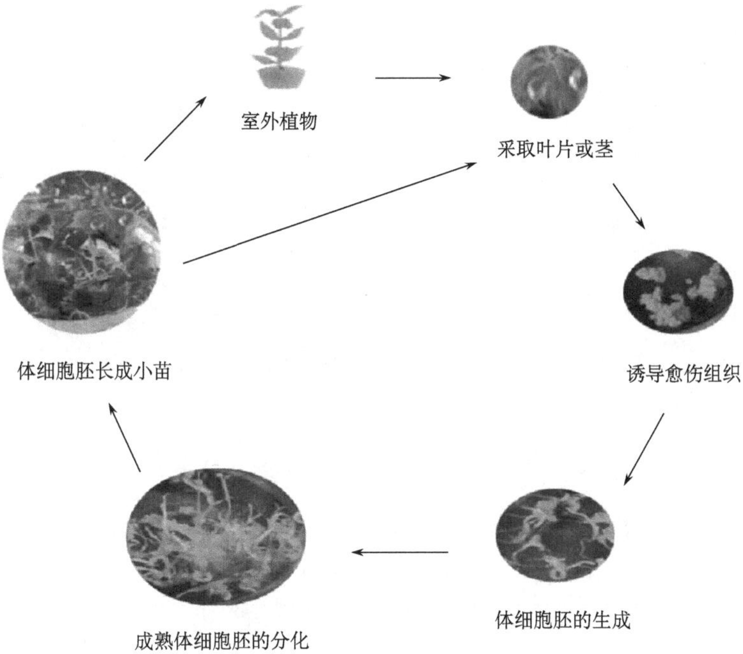

图 4-1　体细胞胚诱导技术

4.1　植物的体细胞胚发生

4.1.1　实验目的

掌握植物体胚发生的原理与方法。

4.1.2　实验原理

离体培养下没有经过受精过程，但经过了胚胎发育过程所形成的胚的类似物（不管培养的细胞是体细胞还是生殖细胞），统称为体细胞胚或胚状体。胚状体的形成是指从培养的组织或细胞中直接或间接形成胚胎的生长方式。直接形成胚胎是指在外植体上直接分化出胚状体；间接形成胚胎是指在外植体上先分化出胚性愈伤组织，然后由胚性愈伤组织再分化形成胚状体。

在以幼胚、胚及子叶为外植体时，通常可以直接诱导胚性愈伤组织产生，进而发生体细胞胚。因此，对于愈伤组织的体细胞胚发生，胚性愈伤组织的形成是培养的关键。

4.1.3 实验准备

4.1.3.1 仪器设备

超净工作台、镊子、培养皿、三角瓶、医用手术刀、酒精灯、喷壶。

4.1.3.2 主要试剂

70％乙醇、5％次氯酸钠、无菌水、MS 培养基、SH 培养基、3-吲哚丁酸（IBA)、6-糠氨基嘌呤（KT）等。

3-吲哚丁酸（IBA)，白色结晶，熔程为 122～124℃，是一种人工合成的具有激素活性的物质，也是一种广谱的吲哚类植物生长调节剂，能有效地控制植物的生长发育。它主要用于果树促进扦插生根，引起的不定根多而细长；组培中用于生根；还可用于瓜果的坐果，提高坐果率。IBA 适应范围广泛而且安全，是目前最主要的调节剂。

6-糠氨基嘌呤（KT)，又称激动素，是一种细胞分裂素类植物生长调节剂，用于农业上果树、蔬菜和组织培养，可促进细胞分裂、分化和生长。它可诱导愈伤组织长芽，解除顶端优势；打破侧芽休眠，促进种子发芽，延缓衰老，保鲜；调节营养物质的运输，促进结实等。

4.1.3.3 实验材料

龙牙楤木种子。

龙牙楤木（*Aralia mand shrica*）是五加科楤木属的多年生乔本药用植物，又称刺老鸦，具有补气、活血、祛风、利湿、止痛等功效。它主要分布于我国东北地区、朝鲜、日本和俄罗斯的西伯利亚地区。其幼嫩茎叶是有名的山菜，在我国及东南亚一些国家很受欢迎。

4.1.4　实验方法

（1）将种子先经过简单的消毒处理后与湿沙混合，置于 4℃冰箱中 3 个月左右。

（2）选择开荚的、合子胚发育成熟的种子，剥除种皮，在超净工作台中先用70%的乙醇消毒 3min，再用 5% 次氯酸钠消毒 12min，然后用灭菌水冲洗 5 遍。

（3）无菌条件下用镊子取出合子胚，接种于事先准备好的固体 1/2 MS 培养基中，使胚萌发长成无菌小苗。

（4）将上述方法获得的、萌发 1 周后的无菌苗切割成 1cm×1cm 叶盘、1cm 长叶柄和 1cm 长的根段作为外植体，接种于含有 IBA（0.3～3.0mg/L）、KT（0.1～0.5mg/L）的不同培养基（1/2 SH、SH）中进行培养，每个处理重复 3 组，每组 10 个 100mL 的三角瓶，每瓶包含 5～7 个外植体。

（5）将上述诱导的胚性愈伤组织，在分化培养基中(1/2 SH+IBA 1.0mg/L+KT 0.2mg/L）培养诱导体细胞胚发生。

（6）待体胚成熟，将其转入不含任何植物生长调节剂的 WPM 培养基中进行萌发。

4.1.5　实验结果

3 种不同的外植体经过 4 周的培养诱导得到不同类型的愈伤组织（图 4-2）。将胚性愈伤组织继续培养得到成熟的体细胞胚（图 4-3）。

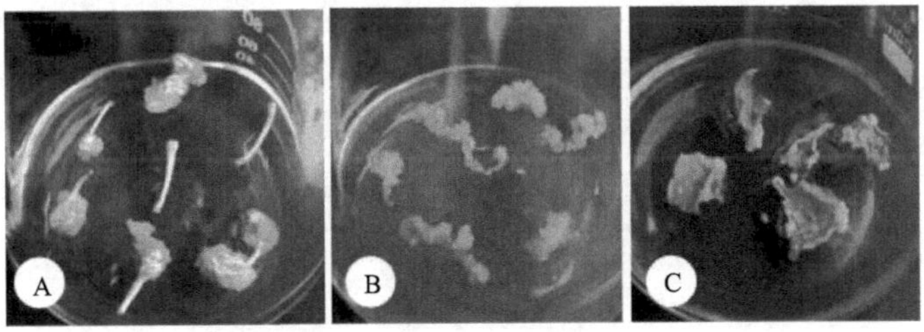

图 4-2　胚性愈伤组织的诱导

A. 从叶柄中诱导的胚性愈伤组织；B. 从根段诱导的胚性愈伤组织；C. 从叶片诱导的非胚性愈伤组织

4.1.6　实验报告

观察并统计胚性愈伤组织诱导情况，将结果填到表 4-1 中。

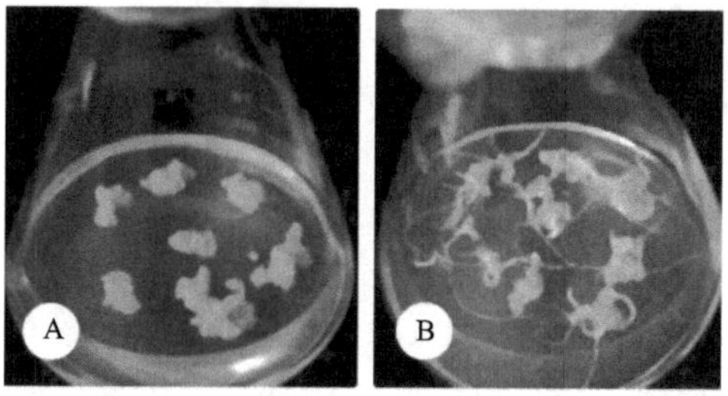

图 4-3　胚性愈伤组织的增殖和体胚的形成（图片由由香玲提供）

A. 增殖的胚性愈伤组织；B. 愈伤组织经 2 周培养后产生的成熟体细胞胚

表 4-1　外植体在各培养条件下经 4 周培养后胚性愈伤组织的诱导情况

基本培养基	植物生长调节剂/(mg/L)	各外植体材料胚性愈伤组织诱导率/%		
		叶片	叶柄	根段
1/2 SH	IBA0.3，KT0.1			
	IBA1.0，KT0.2			
	IBA2.0，KT0.2			
	IBA3.0，KT0.2			
	IBA3.0，KT0.5			
SH	IBA0.3，KT0.1			
	IBA1.0，KT0.2			
	IBA2.0，KT0.2			
	IBA3.0，KT0.2			

4.1.7　注意事项与建议

（1）外源生长调节剂对体细胞胚发生有影响。例如，2,4-D 的应用导致规律性的变化，首先是在较高浓度下它能诱导胚性细胞的形成，然后降低 2,4-D 的浓度早期胚胎产生，一般在球形胚形成后，除去生长素则有利于体细胞胚的继续发育。

（2）培养基及培养条件对体细胞胚形成的影响。球形胚形成后，如果降低培养基的无机盐浓度，可以显著促进体细胞胚的进一步发育。在一些实验中还发现体细胞胚发育后期降低蔗糖浓度，也有利于胚的继续发育和提高体细胞胚的成苗率。

4.1.8　思考题

（1）影响体细胞胚形成的因素是什么及该如何调控?

（2）简述生长素和细胞分裂素在体细胞胚形成过程中的作用。

4.2　植物体细胞胚植株再生

4.2.1　实验目的

掌握体细胞胚植株再生的原理与方法。

4.2.2　实验原理

胚性细胞团转移到适宜的胚发生培养基上以后，其外围的许多细胞开始第一次不均等分裂，靠近细胞团方向的一个细胞较大，以后发育成类似胚柄的结构。另一个细胞则继续分裂形成类似原胚的结构，以后经过类似于体内的发育过程，经球形期、心形期等发育阶段形成完整的体细胞胚，不同发育阶段的体胚形态如图 4-4 所示。

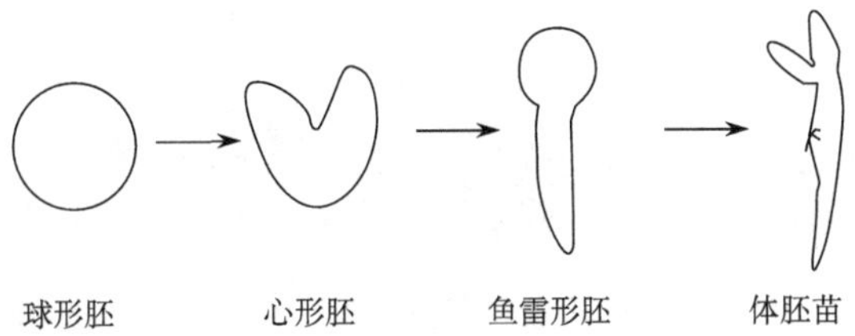

图 4-4　不同发育阶段的体胚

4.2.3　实验准备

4.2.3.1　仪器设备

超净工作台、酒精灯、喷壶、三角瓶、培养皿、医用手术刀、镊子等。

4.2.3.2 主要试剂

SH 培养基、IBA、KT、WPM 培养基、70％乙醇、95％乙醇等。

4.2.3.3 实验材料

龙牙楤木体细胞胚。

4.2.4 实验方法

（1）将龙牙楤木体细胞胚转入分化培养基（1/2 SH ＋ IBA 1.0mg/L＋ KT 0.2mg/L）中，在 25℃下培养 3～4 周。

（2）观察体细胞胚的发生情况，会有大量的成熟体细胞胚生成（图 4-5A）。

（3）将成熟的体细胞胚转入 WPM 培养基中，在 25℃下培养 2～3 周，观察体培苗的发生过程（图 4-5B）。

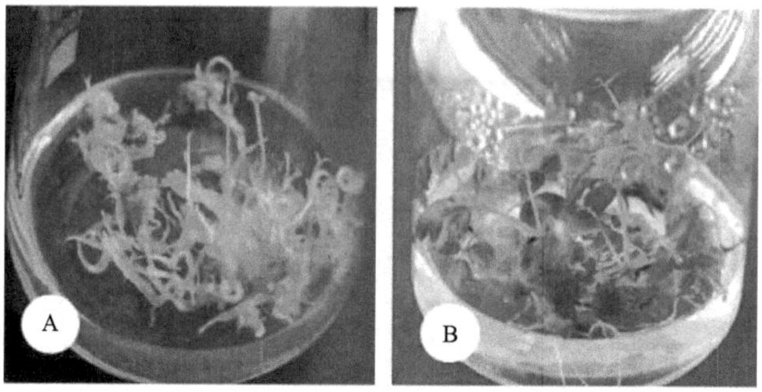

图 4-5 龙牙楤木体胚的萌发和完整植株的形成（图片由由香玲提供）

A. 愈伤组织经 4 周培养后产生的成熟体细胞胚；B. 体细胞胚萌发 2 周后形成的小苗

4.2.5 实验结果

经过培养可以观察到经 4 周培养后产生的成熟体细胞胚（图 4-5A），成熟体胚在适宜的培养基中 2 周后形成小苗（图 4-5B）。

4.2.6 实验报告

统计体细胞胚的萌发率，将结果填入表 4-2。

表 4-2　体细胞胚的萌发情况

接种日期	接种愈伤组织数/个	成苗数/个	成苗率/%

4.2.7　注意事项与建议

（1）注意操作过程中不要染菌。

（2）每天及时观察记录体细胞胚的发育过程。

4.2.8　思考题

（1）比较愈伤组织和体细胞胚分化成植株的异同。

（2）影响体细胞胚分化植株的因素有哪些？

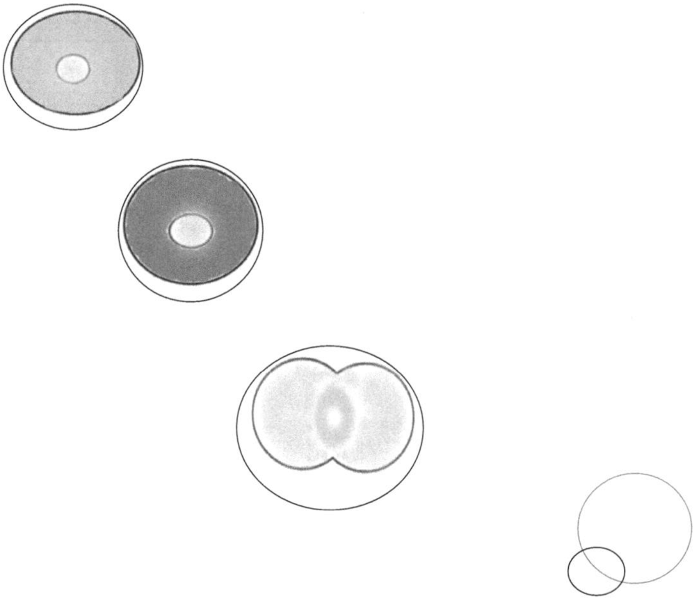

5. 模块五

植物原生质体的分离与融合

植物原生质体融合和培养在理论和实践上都有很重要的意义，原生质体融合主要用于实现远缘物种的体细胞杂交，可避免受精作用中种的特异性配子识别反应，有可能打破远缘杂交中的遗传不亲和障碍，突破有性繁殖的物种界限。原生质体培养还可用于种质资源的保存、细胞突变体的筛选、细胞器移植和外源 DNA 的导入等。

植物细胞融合技术包括原生质体的制备、细胞融合的诱导、杂种细胞的筛选和培养，以及植株的再生和鉴定。

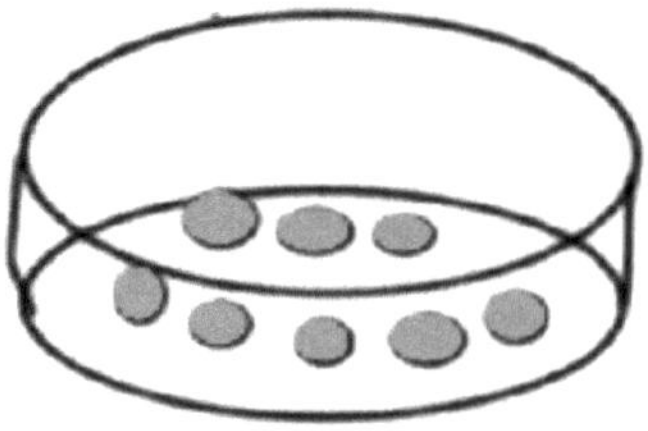

植物和许多微生物细胞外有一层坚韧的细胞壁，如植物细胞质膜外面包裹一层细胞壁，各细胞壁间有果胶层将细胞联结在一起。为了促使这样的细胞融合就必须先得到单个细胞，除去细胞壁，获得植物或微生物原生质体后，才能进行细胞融合。因此，对于植物和微生物细胞的融合一般又可以称为原生质体融合。原生质体分离、融合及再生的程序见图 5-1。

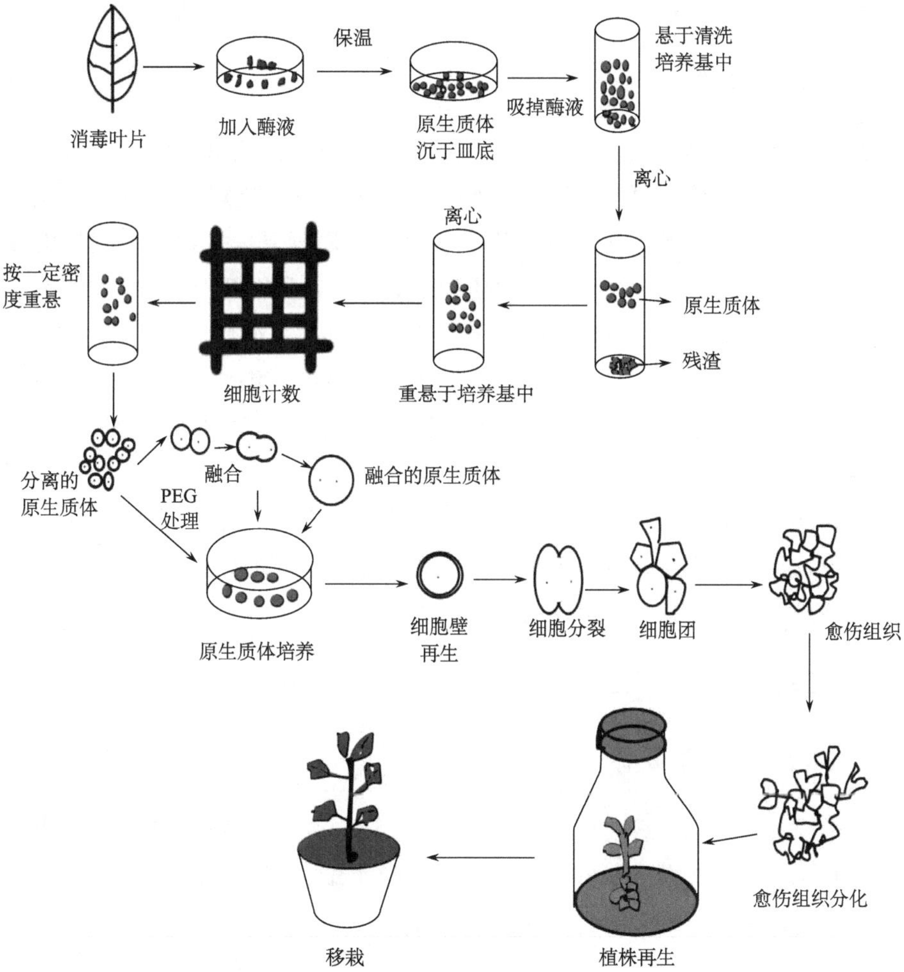

图 5-1　原生质体分离、融合及再生的程序

5.1　植物原生质体分离与纯化

5.1.1　实验目的

学习植物原生质体的分离和纯化技术；掌握植物细胞酶解去壁方法及原生质体活力鉴定的方法；观察原生质体的形态；了解原生质体在细胞工程中的应用。

5.1.2　实验原理

植物细胞与动物细胞的最大区别，在于它的外周有一层坚硬的细胞壁。去掉细胞壁的植物细胞称为原生质体，又称原生质球。原生质体是为质膜所包围的裸露细胞。去除细胞壁的方法通常采用酶解法。其原理是：植物细胞壁是由纤维素、半纤维素、果胶质、少量的蛋白质和脂类组成，利用纤维素酶、果胶酶和半纤维素酶配制而成的混合酶液能降解细胞壁的成分，从而使原生质体释放出来。原生质体的产率和活力与材料来源、生理状态、酶液的组成，以及原生质体收集方法有关。酶液通常需要保持较高的渗透压，以使细胞在原生质体分离前处于质壁分离状态，分离后原生质体不致膨胀破裂。常用的渗透剂有甘露醇、山梨醇、葡萄糖或蔗糖。酶液中还应含一定量的钙离子以稳定原生质膜。游离出来的原生质体可用过筛法收集。原生质体是植物体细胞遗传学研究的重要实验系统，无论在理论还是在实践上都具有重要的研究价值。

5.1.3　实验准备

5.1.3.1　仪器设备

显微镜、离心机、载玻片、盖玻片、离心管、剪刀、镊子、擦镜纸、小培养皿、吸管 4 支、直式漏斗、300 目尼龙网、吸水纸、70%乙醇、甘露醇、CPW 缓冲液、纤维素酶、果胶酶、20%蔗糖溶液等。

原生质体操作需要在一定渗透压存在下进行。常用于配制分离原生质体酶液及洗涤原生质体的溶液为 CPW 液。

5.1.3.2　实验材料

烟草叶片和龙牙楤木的愈伤组织。

材料的选择：应选择生长旺盛的植物体幼嫩部分。双子叶植物的幼叶、子叶、根和下胚轴的切段通常被用来制备原生质体。叶肉细胞用于分离原生质体来源方便，有明显的叶绿体，便于在融合中认识。也可以采用悬浮细胞作为分离原生质体的材料，最适宜的细胞是处于对数生长早期的细胞。禾谷类植物的疏松易碎的愈伤组织或悬浮培养的细胞是制备原生质体的理想材料。

5.1.3.3　材料的消毒

除在无菌条件下培养的愈伤组织或悬浮培养的细胞无需消毒外，叶片等一般材料都要进行表面消毒。方法：先用清水冲洗，再在无菌条件下用70%乙醇溶液浸泡3～4s，随即移入0.1%氯化汞溶液中浸泡4～5min或在2%次氯酸钠溶液中浸泡10～15min，最后用无菌水洗涤4～5次。

5.1.3.4　酶液的制备

酶液配制分两部分进行：将 $CaCl_2 \cdot 2H_2O$ 7mmol/L、$NaH_2PO_4 \cdot 2H_2O$ 0.7mmol/L、甘露醇0.7mol/L用重蒸水溶解，调节pH 6.8～7.0，定容成储备液，灭菌备用。使用时加入纤维素酶1%和果胶酶1%。

制备酶液时注意：需要考虑酶的种类、酶液的浓度、酶液的组成成分及酶液的pH。酶液是否合适不仅直接关系到去壁效果，而且对原生质体的产量、质量和细胞分裂都有影响。因酶制剂经过高压灭菌处理后会失活，因此，先将酶储液灭菌，待用时再将酶制剂按比例加入到已灭菌的酶液内。

常用的酶有纤维素酶、半纤维素酶、蜗牛酶、琼脂酶和果胶酶。使用国产的纤维素酶时，一般可将酶粉按1%～4%的浓度溶解于0.4～0.8mol/L的甘露醇溶液中，pH为5.4～5.8。为了提高原生质体的稳定性与活力，可在酶液中加入适量的 $CaCl_2 \cdot 2H_2O$、$Ca(H_2PO_4)_2 \cdot H_2O$ 或 KH_2PO_4 及葡聚糖硫酸钾。也有将酶粉直接溶解在无激素的整个培养液中来配制酶液的。溶解后的酶液先在10 000r/min的转速下离心20min，再将上清液用含有0.45μm微孔滤膜的无菌过滤器进行过滤，得到无菌酶液可储藏在4℃冰箱中备用。

13% CPW 洗液的成分：27.2mg/L KH_2PO_4、101.0mg/L KNO_3、1480.0mg/L $CaCl_2$、246.0mg/L $MgSO_4$、0.16mg/L KI、0.025mg/L $CuSO_4$、13%（m/V）甘露醇，pH 6.0。

预处理的作用：预质壁分离可使胞壁内表层充分暴露，增加胞壁降解酶与胞壁的接触面而提高胞壁降解速度；降低原生质体内电解质渗漏，防止分离期间外来酶被吸入细胞内；降低原生质体对酶液中可能存在的有害影响的敏感，提高原生质体的稳定性和存活率。因此，通过预处理，可以改变细胞和细胞壁的生理状态，增加细胞膜的强度，提高酶解效率，减少原生质体损伤。

5.1.4 实验方法

5.1.4.1 原生质体的分离

分离原生质体的方法有两种：机械法和酶解分离法。

1）机械法

叶肉或其他细胞放在高渗的蔗糖溶液中，使细胞发生质壁分离，原生质体收缩成球形，完全脱离细胞壁。再用机械法磨碎组织，可释放原生质体。

机械法的缺点是手工操作难度大，产量低，无法从分生组织分离原生质体。其优点是可避免酶制剂对原生质体的破坏作用。

2）酶解分离法

先取鲜嫩的植物组织，消毒后，用细胞壁降解酶脱除植物细胞壁，再用过滤或离心的方法收集原生质体。

酶解分离法的缺点是使用的酶制剂均含有核酸酶、蛋白酶、过氧化物酶及酚类物质，用它来降解细胞壁，会影响所获原生质体的活力。其优点是条件温和，原生质体完整性好，得率高，而且几乎所有植物或它们的器官、组织、细胞均可用酶解分离法获得原生质体。

酶处理时的温度和 pH 最重要。高 pH（大于 6.0）一般有利于原生质体生存，可能是高 pH 降低了细胞壁降解时产生的有害酶活性和存在于培养基中毒性物质的活性。为了防止 pH 的变化，常加入 MES（2-*N*-吗啉乙烷磺酸），这是一种缓冲剂，一般用量为 3mmol/L。酶处理时间与温度成反比。

3）酶解分离法制备原生质体的具体操作方法

A. 取材消毒

取烟草的鲜嫩叶片，用清水冲洗后，用 70％的乙醇溶液浸泡 1min，随即移入 0.1%氯化汞溶液中浸泡 4～5min 或在 3%次氯酸钠溶液中浸 10～15min，最后用无菌蒸馏水洗涤 4～5 次。

B. 材料预处理

在酶处理前，常把供体组织置于合适浓度的稳压液中，使细胞预质壁分离约 1h 后再用酶液处理。

预处理方法主要有以下 5 种。

（1）枝条暗处理：获得的原生质体有活力，并能继续分裂。

（2）叶片萎蔫处理：有利于撕除下表皮和原生质体的释放。

（3）叶片预培养：叶片撕掉下表皮，在诱导愈伤的培养基上预培养一段时间，再酶解脱壁，原生质体分裂频率会有较大提高。

（4）预先质壁分离处理：先在糖溶液中质壁分离，再酶解去壁，可加快原生质体释放，提高其活力。

（5）胚性愈伤组织和悬浮细胞系的预培养：将细胞于新鲜培养基中预培养一段时间再分离原生质体，所得原生质体质量好，分裂频率高。

C. 酶解

在培养皿中放入混合酶液，将去掉下表皮的叶片剪成面积为 $4cm^2$ 的小块，去下表皮，面向下铺于酶液中，充分接触酶液，随即盖上培养皿盖，以防止水分蒸发。25～28℃，酶解 2～3h。一般 1g 叶片约需 10mL 酶液。

酶的种类和浓度：对幼叶来说，酶浓度较低，0.5%～1%纤维素酶、0.2%～0.5%果胶酶，酶量少。对愈伤组织、悬浮细胞来说，纤维素酶、果胶酶的浓度要提高到 1%或 2%，酶量大。酶液 pH 一般为 5.4～5.8，因为 pH 高，酶活性低；pH 低，原生质体损坏多。

处理条件：

（1）一般在黑暗下静置进行。

（2）温度在 25℃，兼顾原生质体及酶活性。

（3）酶处理几小时到十几小时，太长不利于原生质体的活性，一般小于 24h，如烟草叶片酶处理 2h 后叶肉细胞解离完毕。

（4）酶液中加入葡聚糖硫酸钾、$CaCl_2 \cdot 2H_2O$ 等盐，保护细胞膜，提高原生质体稳定性和活力。

D. 原生质体收集

酶解后的混合物用双层漏斗或细胞筛进行过滤，只允许单细胞和原生质体通过。将培养皿轻微摇动，即可见原生质体大量释放出来。再将此悬浮有原生质体的酶液在无菌条件下用孔径 40～100μm 的不锈钢细胞筛过滤除去残渣，然后低速离心（500r/min）4～5min，原生质体便沉积于离心管底部，吸去上清液，沉积的原生质体用不含酶的 13％CPW 溶液洗 2 次，再用培养液洗 1 次，即可进行培养。

5.1.4.2 原生质体纯化

酶处理后得到混合液包括：原生质体、细胞团和组织碎片等，这些碎片在原生质体培养中，特别是用于细胞融合等步骤时，会起干扰作用，因此，必须将杂质和酶液除去，才可以继续培养原生质体。原生质体纯化方法包括离心沉淀法、漂浮法和界面法。

原生质体纯化方法的比较：离心沉淀法收集方便，方法简单，原生质体丢失少，但原生质体沉淀于试管底部，形成相互间的挤压，会导致原生质体的破碎；漂浮法可以收集到较为纯正的原生质体，不会使原生质体破碎，但原生质体损失较多，获得率低；界面法可获得更为纯正的原生质体，而且不易碎，获得率高。

1）离心沉淀法

利用相对密度原理，在具有一定渗透压的溶液中，先进行过滤，然后低速离心，除去未酶解的细胞、细胞团、碎片，使纯净完整的原生质体沉积于试管底部的方法称为离心沉淀法。

具体步骤如下：将获得的原生质体混合液通过网孔径 200μm 的细胞筛过滤，除去大的组织碎片和残渣。然后将含有原生质体的酶液收集在离心管中，再用 900～4500r/min 转速离心 2min，经过离心的混合液，下部是沉积完好的原生质体，上部是细胞碎片。吸去上清液，用洗涤液重新悬浮原生质体，再离心沉淀。如此 2～3 次。最后用原生质体培养液清洗 1 次，收集原生质体。

洗涤液成分：0.45mol/L 甘露醇、10mmol/L $CaCl_2$、0.7mmol/L KH_2PO_4、H_2O，pH 为 5.6。

2）漂浮法

用相对分子质量较大的蔗糖作为渗透压调节剂，原生质体相对密度较小，漂浮于上层，这样通过离心，去掉大残渣，可得到纯净的原生质体。

具体步骤：将收集的含有原生质体的滤液在 1000r/min 下离心 10min，细胞碎片等杂质沉到管底。取上清液（上清液中含有原生质体）加入到含有 20%蔗糖溶液的离心管中，这样重复 2～3 次。吸取含原生质体的上清液于新的离心管中，加入 8%甘露醇盐溶液，500r/min 离心 3min 后，弃上清，用甘露醇盐溶液悬浮沉淀的原生质体。最后镜检。

在取上清液时，最好用巴斯德吸管，或者用移液器，但所用的吸头最好用刀片先将 1mL 枪头的尖部切掉。操作要小心，轻轻地滴入。

3）界面法

利用密度不同的溶液，其中一种溶液的密度大于原生质体的密度，另一种溶液的密度小于原生质体的密度，原生质体介于两种溶液之间。这样经过离心，可使原生质体处于两液相的界面之间，而细胞碎片和杂质沉淀于离心管底部，从而获得纯净的原生质体。

具体步骤：向获得的含有原生质体的滤液中加入 6%和 9%的聚蔗糖，在 1500r/min 转速下离心 5min，原生质体会漂浮在上部，而杂质碎片则沉到管底部。

5.1.5　实验结果

通过镜检观察所获得的原生质体质量和单位体积数量。完整的原生质体形态上是圆球状的，颜色鲜艳，富含细胞质，如图 5-2 所示。

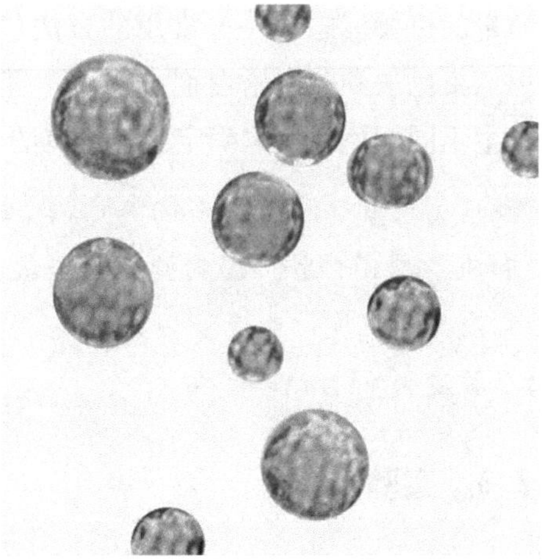

图 5-2　分离的原生质体图

5.1.6　实验报告

画出在显微镜下观察到的原生质体形态，并简单描述其特征。

5.1.7　注意事项与建议

（1）所用工具均需灭菌，操作在无菌条件下进行。

（2）酶解所需时间因材料而异，子叶、幼叶等一般需要几小时，而愈伤组织和悬浮细胞等一般需要十几小时。

（3）光照可能会损伤质膜，因此，酶解应在黑暗下或弱光下进行。

5.1.8　思考题

（1）在原生质体分离过程中需要注意哪些问题？你认为分离原生质体的关键步骤是什么？

（2）研究原生质体的意义是什么？

（3）用酶解方法分离时，酶液的种类和浓度如何确定？

（4）要获得高质量的原生质体，应选择哪些材料？

（5）你认为要获得数量多、活力强的原生质体，在实验中应注意哪些问题？

5.2　植物原生质体活力测定

5.2.1　实验目的

掌握原生质体活力测定的原理与方法。

5.2.2　实验原理

在培养前，首先要检测原生质体的活性。原生质体活力的高低是代表原生质体质量的重要标志之一。常用的方法包括荧光素二乙酸酯（FDA）染色法、埃文思蓝染色法和荧光增白剂（CFW）染色法等。根据不同染料对原生质体染色后产生不同颜色，可以确定原生质体的活性。

埃文思蓝（Evans blue）为蓝色结晶，有绿色金属光泽，溶于水、乙醇、酸和碱，在 pH 近于 10 时变色，能被强氧化剂和还原剂破坏。将其加入中性盐溶液析出沉淀，水溶液较为稳定，可用 0.68MPa 压力高压消毒 30min。最大吸收波长 611nm。有毒。

5.2.3　实验准备

5.2.3.1　仪器设备

摇床、离心机、倒置显微镜、荧光显微镜、超净工作台、培养皿、离心管、载玻片、刀片、镊子、过滤漏斗、200 目筛网、吸管、高压灭菌锅、镊子、解剖刀。

5.2.3.2　试剂

FDA：1mg FDA 溶于 1mL 丙酮中作为母液，避光 4℃下储存，使用时取 0.1mL 母液加入新鲜配制的 0.65mol/L 甘露醇中，使终浓度为 0.01%。

埃文思蓝（Evans blue）：配成 0.25%母液。

CFW：用与原生质体等渗的甘露醇配成 0.1%溶液。

CFW 是一种二苯乙烯类的荧光增白剂，能与真菌细胞壁的纤维及几丁质发生特异性结合，荧光显微镜下可快速检出真菌，尤其是真菌生长旺盛部位，如菌丝顶端、酵母芽孢等。荧光显微镜下丝状真菌细胞壁呈亮绿色，核绿色；类酵母菌、假菌丝、厚膜孢子呈红橙色。可选用能透过 300～500nm 光的激发光滤光片和能透过 500～600nm 光的阻断（或压制）滤光片。

5.2.3.3　实验材料

分离的原生质体。

5.2.4　实验方法

5.2.4.1　荧光素二乙酸酯（fluorescein diacetate，FDA）染色法

荧光素二乙酸酯染色是一种常用的方法，FDA 本身无荧光，无极性，可透过完整的原生质膜。一旦进入原生质体后，由于受到酯酶分解而产生具有荧光的极性物质荧光素。它不能自由出入原生质膜，因此有活力的细胞能产生荧光，无活力的原生质体不能分解 FDA 而无荧光产生。

具体实验步骤如下。

(1) 取纯化后的原生质体悬浮液 0.5mL，置于 1.5mL 离心管中，加入 FDA，使其最终浓度为 0.01%。或者用凹玻片，在凹玻片中加入 1 滴 FDA 和 1 滴原生质体悬液混匀。

(2) 混匀后室温静置 5min，用荧光显微镜观察。发绿色荧光的原生质体为有活力的，不产生绿色荧光的为无活力的。

最好将观察控制在 5～20min，否则荧光会达到最高峰，强的荧光会干扰对周围原生质体生命力的判断，使原生质体间的生命力差异不易分辨。

(3) 计算原生质体的活力：以有活力的原生质体数占观察的原生质体总数的百分数表示原生质体活力。

5.2.4.2　埃文思蓝染色法

根据埃文思蓝不能穿过质膜，但质膜受到严重损坏时其会进入细胞，使细胞被染色的特点，可将其用于检测原生质体的活性。

具体方法：在凹玻片中加入1滴埃文思蓝和1滴原生质体悬液混匀。静置5min，用显微镜观察，质膜完整的原生质体不吸收染料，呈现无色，表明有活力；反之则呈蓝色。

5.2.4.3　CFW 染色法

CFW 染色法可通过检测细胞壁的形成而确定原生质体的活力。CFW 可结合于新合成细胞壁的β-糖苷上，与β-1,3 键和β-1,4 键结合，主要涉及纤维素和几丁质，产物在400nm 激发光照射下可产生绿色荧光。新制备的原生质体，如果细胞壁分解完全，则原生质体周围看不到绿色的荧光，若为叶肉原生质体，则呈现由叶绿素产生的红色荧光，在培养过程中，有活力的原生质体随着细胞壁的再生产生绿色荧光。

具体实验步骤如下。

(1) 吸取新制备的原生质体悬液或培养一段时间的原生质体0.1～0.2mL，置于1.5mL 离心管中。

(2) 加入等体积0.1%CFW 溶液混匀。

(3) 室温静置5～10min，在500r/min 转速下离心3min。

(4) 再用与原生质体等渗的甘露醇溶液离心洗涤3次，然后加入0.1～0.2mL 培养液。

(5) 吸取1滴悬液到载玻片上，用荧光显微镜进行观察，波长为360～440nm。

(6) 计算原生质体的活力。

5.2.5　实验结果

根据不同的方法观察的结果不同，如用 FDA 方法，有活力的原生质体产生绿色荧光；如用埃文思蓝染色法，有活力的原生质体无色；如用 CFW 染色法，没有细胞壁的原生质体无色，有细胞壁的原生质体产生绿色荧光。

5.2.6 实验报告

通过镜检观察并计算原生质体的活力，并简单描述所观察的原生质体特征。

$$原生质体活力=\frac{有活力的原生质体数}{观察的原生质体总数}\times 100\%$$

5.2.7 注意事项与建议

（1）用荧光显微镜观察时，先用低倍镜观察，再用高倍镜观察。

（2）影响原生质体活力的因素：分离材料的生理状态；酶解条件（酶质量、酶浓度、酶解温度、酶解时间、酶溶液的渗透压）；分离条件（离心次数、离心速度、纯化方法、分离持续时间）；环境条件（操作环境的温度、分离用具的影响）。

5.2.8 思考题

（1）除了本实验介绍的方法，还可以用哪些方法判断分离的原生质体活力？

（2）比较不同方法检测原生质体活力的优缺点。

5.3 植物原生质体培养

5.3.1 实验目的

掌握培养原生质体的技术、方法和原理。掌握细胞计数的原理和方法。

5.3.2 实验原理

虽然原生质体由于失去了细胞壁而变成球形状态，但它的基本生命特征并未改变，仍然具有在一定条件下发育成完整植株的全能性。由于原生质体膜很薄，给实验操作带来许多方便，如进行基因导入和遗传转化，以及从原生质体制备各种细胞器等。原生质体分离纯化后，应用合适的培养基和培养方法，能够使其再生细胞壁，并启动细胞持续分裂，直至形成细胞团，长成愈伤组织或胚状体，分化和发育成不定芽或萌发的体胚，最终再生成完整植株。

5.3.3 实验准备

5.3.3.1 仪器设备

三角瓶、离心管、烧杯、200 目滤网、解剖刀、长镊子、短镊子、培养皿、滤纸、0.2μm 滤膜、滤器、培养瓶（注：以上用品要进行高压灭菌）、台式离心机、高压灭菌锅、倒置显微镜、超净工作台。

5.3.3.2 试剂

MS 培养基、NAA、BA、70%乙醇等。

5.3.3.3 实验材料

分离获得的烟草和龙牙楤木的原生质体。原生质体形成愈伤组织培养基（固体和液体）（MS+0.05mg/L NAA+1mg/L BA）、原生质体愈伤组织分化培养基（固体）（MS+5mg/L NAA）。

5.3.4 实验方法

原生质体培养方法包括浅层液体培养法、微滴（悬滴）培养法、固体培养法和液体固体结合培养法等方法。

5.3.4.1 浅层液体培养法

浅层液体培养法操作简单，对原生质体的损伤小，且易于添加新鲜培养基和转移培养物。但原生质体分布不均匀，常常发生原生质体之间的粘连现象而影响其进一步的生长和发育。此外，浅层液体培养法难以跟踪观察某一个细胞的发育情况。具体实验步骤如下。

(1) 将洗去酶液的原生质体以一定密度（10^4～10^5 个/mL）悬浮在培养液中，然后将原生质体悬浮液平铺到培养皿或三角瓶中，封口进行培养。培养条件为 25℃，光照 100～3000lx。

(2) 当原生质体已再生新壁，并开始细胞分裂后（几天或者十几天），加入适当的低渗透压新鲜培养液，有时需适当增加培养液的蔗糖含量并减少甘露醇的含量。

（3）当小细胞团形成时，就将此悬浮液与低渗透浓度、含琼脂（1%～2%）的固体培养基迅速等量混合，进行平板培养，直到观察到愈伤组织。

固体培养基需要提前融化，待温度降到40℃左右时，才能与原生质体悬浮液混合，否则温度过高会使原生质体死亡；温度过低，会导致固体培养基凝固。

5.3.4.2　微滴（悬滴）培养法

（1）将悬浮有原生质体的培养液用移液管在小培养瓶或培养皿盖中滴50～100μL大小的微滴，以滴与滴之间不相接触为原则。

（2）在培养皿底内加入少量培养液以保持湿度，将培养皿盖翻转过来盖于皿底上，用石蜡膜封口。

为保持湿度，防止水分蒸发，应将培养皿放在湿度较高的条件下进行培养，并注意及时加液或注意转移培养物。

（3）温度25℃下培养，光照14～16h/d，光强同上。

5.3.4.3　固体培养法

这种方法使原生质体处于固定位置，避免了原生质体的漂浮游动，有利于单个原生质体的细胞壁再生及对细胞团形成的全过程进行定点观察。但培养基温度对原生质体薄层质量和分布有一定影响；另外，固体中单细胞生活能力弱，通气状况不良，第一次细胞分裂时间会推迟2d左右。具体实验步骤如下。

（1）将悬浮在液体培养基中原生质体悬浮液与45℃左右的琼脂培养基进行等量混合，迅速轻轻摇动，使原生质体均匀分布在培养基中。

（2）取5mL上述混合物，加入到ϕ6cm的培养皿中，进行封口培养。

（3）在25℃下培养，光周期、光强同上。

5.3.4.4　液体固体结合培养法

液体固体结合培养法即所谓的双层培养法，这种方法是在培养皿底部先铺一层含或不含原生质体（或细胞）的固体培养基，再在其上进行原生质体的浅层培养。这种方法通过调整液体培养基的渗透压来调节培养物的渗透压以利于其进一步的生长和发育，由于改善了培养物的通气和营养环境，从而促进了原生质体的分裂和细胞团的形成。这是目前广泛应用的培养方法之一。具体步骤如下。

（1）用吸管吸取大约 50mL 含有原生质体的液态琼脂糖培养基，一次性滴于 ϕ6cm 的培养皿中。

（2）待其固化后向其中添加 3mL 液体培养基并于摇床上低速旋转培养。

5.3.5 实验结果

经过培养，原生质体分裂生长，形成细胞团。

5.3.6 实验报告

观察原生质体培养生长过程，并统计成活率。

5.3.7 注意事项与建议

（1）注意观察原生质体生长过程，及时添加培养基。

（2）原生质体与培养基混合时，注意培养基的温度不要太高。

（3）注意操作时不要污染。

5.3.8 思考题

（1）原生质体培养的意义是什么？

（2）影响原生质体培养的因素有哪些？

5.4 植物原生质体融合

细胞融合（cell fusion），亦称细胞杂交，是指亲本的两个细胞在特定的物理和化学因子处理下合并为一个杂种细胞的过程。植物细胞融合可分为体细胞杂交（somatic hybridization）和配子-体细胞杂交（gamete-somatic hybridization）。前者是指不经过有性过程，而直接由体细胞原生质体融合产生杂种细胞，形成愈伤组织，并再生出植株的过程。后者是指性细胞（如小孢子四分体、精细胞、幼嫩花粉、成熟花粉、卵细胞、助细胞和中央细胞等）原生质体和二倍体原生质体融合产生三倍体杂种细胞，形成愈伤组织，并再生出植株的过程。植物细胞融合是植物细胞工程的一个重要分支，是一种突破物种生殖隔离、创造远缘杂种的新途径，原生质体技术还可用于细胞突变体的筛选、细胞器移植和外源 DNA 的导入。

原生质体的融合方法经历了一个逐步改进和完善的过程。在早期，原生质体融合的方法有 $NaNO_3$ 法、高 pH/高 Ca^{2+} 法、PEG（聚乙二醇）法，后来逐渐发展为 PEG 与高 Ca^{2+}、高 pH 相结合；20 世纪 80 年代初，研究者又开始探索使用电融合法，并发展出一些其他方法。这些方法各有特点，但目前广泛使用的是 PEG 法和电融合法。植物细胞融合的过程如图 5-3 所示。

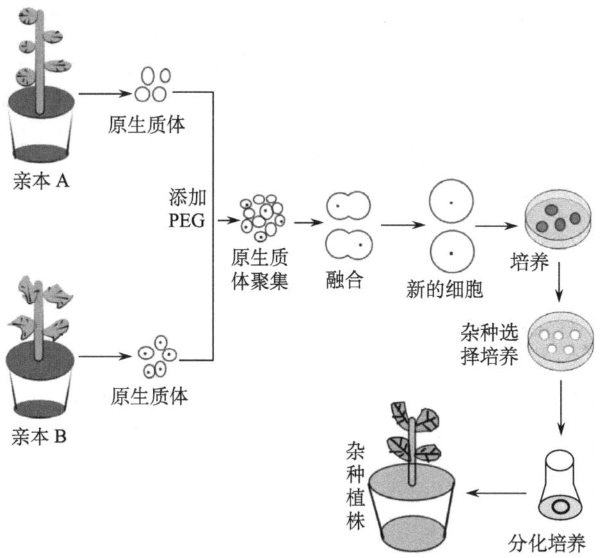

图 5-3　植物细胞融合的过程

5.4.1　实验目的

学习细胞融合技术，了解聚乙二醇（PEG）诱导体外细胞融合的基本原理，逐步掌握细胞融合的基本方法，并观察融合细胞现象。

5.4.2　实验原理

PEG 由于含有醚键而具负极性，与水、蛋白质和碳水化合物等一些正极化基团能形成氢键，当 PEG 分子足够长时，可作为邻近原生质体表面之间的分子桥而使之粘连。PEG 也能连接 Ca^{2+} 等阳离子，Ca^{2+} 可在一些负极化基团和 PEG

之间形成桥，因而促进粘连。在洗涤过程中，连接在原生质体膜上的 PEG 分子可被洗脱。这样将引起电荷的紊乱和再分布，从而引起原生质体融合。高 Ca^{2+} 浓度、高 pH 由于增加了质膜的流动性，因而大大提高了融合频率。洗涤时的渗透压冲击对融合也可能起作用。原生质体分离纯化或融合后，在适当的培养基上应用合适的培养方法，能够使其再生细胞壁，并启动细胞持续分裂，直至形成细胞团，长成愈伤组织或胚状体，再分化发育成苗。其中，选择合适的培养基及培养方法是原生质体培养中最基础也是最关键的环节。

PEG 是乙二醇的多聚化合物，存在一系列不同相对分子质量的多聚体。PEG 可改变各类细胞的膜结构，使两个细胞接触点处脂类分子发生疏散和重组，引起细胞融合。聚乙二醇（PEG）结构为：$HOH_2C(CH_{20}CH_2)_nCH_2OH$，相对分子质量大于 200、小于 6000 者均可做细胞融合剂。

5.4.3　实验准备

5.4.3.1　仪器设备

电子分析天平、倒置显微镜、超净工作台、恒温水浴锅、pH 计、生物显微镜、水平低速离心机等、无菌培养皿 ϕ9cm4 个（内垫几张滤纸）、无菌培养皿 ϕ6cm4 个（内装 4 片盖玻片）、无菌胶头滴管 40 支、无菌带刻度粗吸管（20mL）5 支、细胞筛（250 目＋320 目）2 个、抽滤器 4 个、血细胞计数板 2 个、枪型镊 2 个、钟表镊 2 个等。

5.4.3.2　试剂

75％乙醇、0.1％$HgCl_2$、1％NaClO、甘露醇、山梨醇、纤维素酶、果胶酶等。

配制 0.16mol/L 的 $CaCl_2$ 溶液，pH5.8～6.2，用于悬浮原生质体。

PEG 融合液的成分：50％（m/V）PEG（M_w＝4000）、$CaCl_2$ 0.01mol/L、KH_2PO_4 0.7mmol/L、山梨醇 0.1mol/L，调 pH 5.8～6.2，现用现配。

高 Ca^{2+}、高 pH 溶液按试剂 A 和试剂 B 两部分分别配制，临用时试剂 A、试剂 B 等量混合。

试剂 A：葡萄糖 5.4g、甘氨酸 0.75g，溶于水，定容至 100mL，调 pH 至 10.5，抽滤灭菌，4℃黑暗保存。

试剂 B：葡萄糖 5.4g、$CaCl_2 \cdot 2H_2O$ 1.47g，溶于水，定容至 100mL，高压灭菌。

洗液 P409-S 的成分：葡萄糖 9g、$CaCl_2 \cdot 2H_2O$ 50mg、KH_2PO_4 10mg，分别溶于水，定容至 100mL，调 pH 至 5.5，高压灭菌。

5.4.3.3　实验材料

茶条槭叶片原生质体与胡萝卜或洋葱根尖原生质体。

5.4.4　实验方法

（1）将分离的两种原生质体各 1mL 混合在一起，800r/min 离心 6～7min，弃上清。将沉淀用 2～3mL P409-S 溶液洗涤 1 次，800r/min 离心 6～7min，弃上清。沉淀用 1mL P 409-S 溶液重悬。

（2）将原生质体密度调整为 4×10^5 个/mL 左右的原生质体悬浮液备用。

（3）用吸管吸取大约 150μL 原生质体悬浮液置于盖玻片上，静置大约 5min，以使原生质体沉降在盖玻片上形成薄层。

（4）在原生质体悬浮液中，缓缓加入等体积的 PEG 溶液，注意不要将原生质体冲走。

（5）室温（24℃）下，将 PEG 溶液中的原生质体保温 10～20min，在倒置显微镜下观察原生质体粘连的情况。

（6）将试剂 A、试剂 B 等量混合制成高 Ca^{2+}、高 pH 溶液。

（7）以 5min 为间隔轻轻加入 2～5 滴高 Ca^{2+}、高 pH 溶液，进行观察，然后静置 5～10min，再加入高 Ca^{2+}、高 pH 溶液，保持 5min 后，加入 1 滴原生质体培养基。

（8）用新鲜的原生质体培养基 15～20mL，每间隔 5min 清洗 1 次，将原生质体清洗 5 次，此时可在倒置显微镜下观察并统计异核融合率。

每次洗完之后，不要把盖玻片上的培养基全部去掉，否则原生质体破碎死亡，要在原生质体上留下一薄层旧培养基，而将新鲜培养基加于其上。

（9）洗涤完成后在盖玻片上滴大约 500μL 原生质体培养基，在盖玻片周围以小滴形式再加入 500～1000μL 培养基，以保持培养皿内的湿度，封口后置于 25℃黑暗条件下培养。

（10）7～10d 后将原培养基吸掉一半，换以等量的渗透压减半的新鲜培养基。

（11）待形成肉眼可见愈伤组织时，逐一挑出单个克隆的细胞系分化培养。

（12）待不定芽长至 3～5cm 时转至生根培养基上诱导生根。

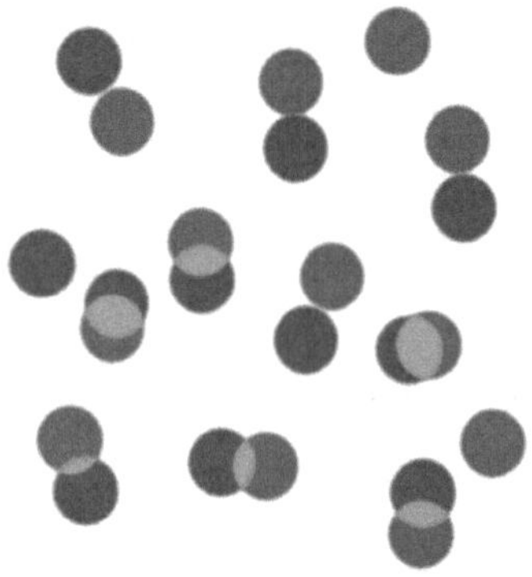

图 5-4　植物细胞粘连和融合

5.4.5　实验结果

两种原生质体加入 PEG 融合液后，只发生粘连，在洗涤过程中才发生膜融合。在显微镜下可观察到细胞粘连和融合（图 5-4）。

5.4.6　实验报告

（1）绘出典型的细胞融合过程图。

（2）计算细胞融合率。

5.4.7　注意事项与建议

（1）原生质体质量至关重要，高质量的原生质体是细胞融合的首要条件。

（2）融合参数，包括各种融合液都应选择适当。

（3）融合亲本原生质体必须活力强，数量较大，极少不规则形状和碎片，细胞内含物丰富。

（4）原生质体脱壁是否完全会影响融合效果。有的原生质体会很快再生细胞壁，因此，在洗去酶液后，应立即进行融合。

（5）融合亲本原生质体必须等量配合，以增加异源融合机会。

5.4.8　思考题

（1）影响原生质体融合的因素有哪些？

（2）体细胞杂交的意义是什么？

（3）融合过程中应注意什么？如何鉴定所得的愈伤组织或植株为异源融合体？

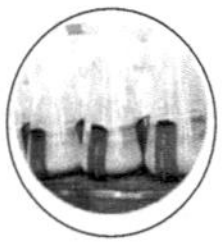

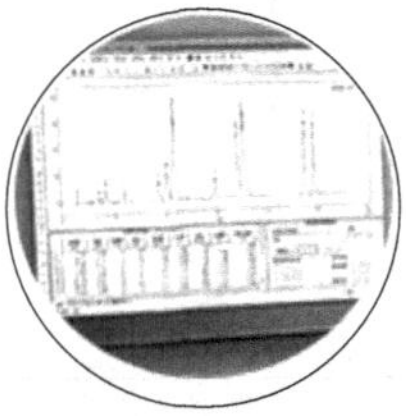

6. 模块六

植物细胞生物反应器与细胞次生代谢

植物中含有大量有用的次生代谢物质，它们可以为人类提供药品、色素、调味品、香料、兴奋剂、杀虫剂等。植物细胞大规模培养技术可以在可控的和可重复的条件下生产天然产物，而不会受到病虫害、地理、气候季节等因素的影响，并且产物分离、提取操作简单。

随着研究的不断发展，人们对包括紫草、长春花、毛地黄、黄连等在内的多种药用植物细胞进行大规模生产实验，有的已成商品投入市场。同时，代谢产物生物合成的基础研究越来越受到重视，特别是有关酶的确定和分离，不仅为控制代谢途径提供了科学依据，而且为利用基因工程手段操纵代谢途径打下了重要基础。

植物细胞规模化培养生产次生代谢产物是一项具有潜在应用价值的技术。1959 年 Tuleche 和 Nickel 首次报道了在 134 L 生物反应器中可以成功培养不同植物。此后，这种方法成为利用植物细胞大规模生产有用代谢产物的有效途径和方法。但生物反应器在植物组织培养中的推广应用进展较为缓慢，其原因是植物组织和细胞培养比微生物培养要复杂和困难得多。但生物反应器的应用可大大降低劳动力需求，而且在反应器中通过物理化学条件调控可达到最佳的生长、分化和代谢，不受时间和地点的限制，随时随地进行规模化生产，这为植物组织培养工业化开辟了广阔的前景。植物生物反应器培养及次生代谢物质检测过程如图 6-1 所示。

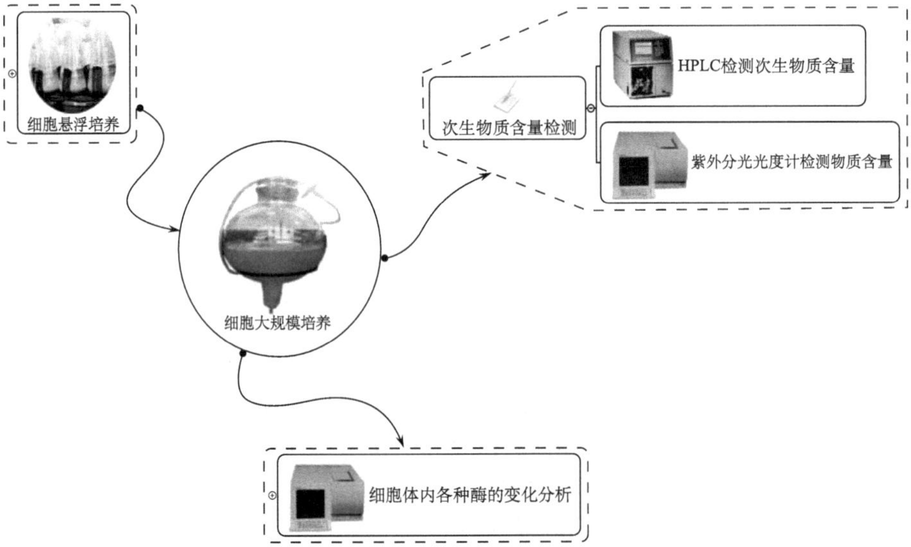

图 6-1　植物生物反应器培养及次生代谢物质检测过程

6.1　植物体细胞胚生物反应器大规模培养

生物反应器是利用生物体的生物功能，在体外或体内通过生化反应或生物自身的代谢获得目标产物的装置系统。它是一种生物功能模拟机，分为搅拌式生物反应器、鼓泡式生物反应器、气升式生物反应器（分内外循环）等。其中气升式生物反应器具有简单、易于操作、剪切力小、传氧率高等特点，因此被认为是比较适合于植物细胞大规模培养的生物反应器（图 6-2）。

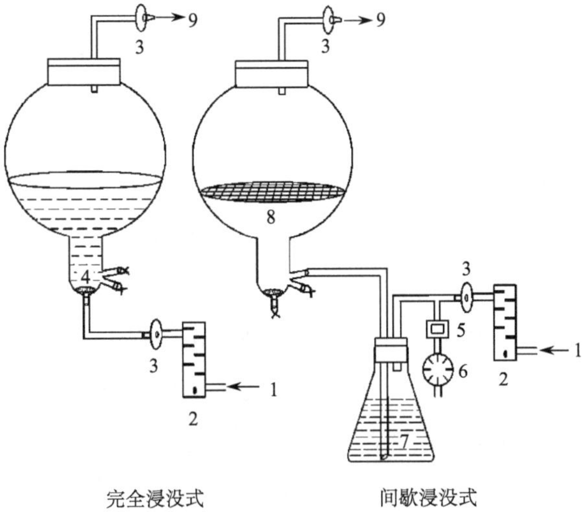

图 6-2　生物反应器示意图（朴炫春等，2007）

1. 空气进口；2. 空气流量计；3. 薄膜滤器；4. 玻璃喷头；5. 蠕动泵；

6. 定时器；7. 培养基储藏瓶；8. 支持物（网）；9. 空气出口

6.1.1　实验目的

学习和掌握利用生物反应器进行细胞扩大繁育的方法。

6.1.2　实验原理

生物反应器的作用是为生物体代谢提供一个优化的物理及化学环境，使生物体能更快更好地生长，得到更多需要的生物量或代谢产物。

6.1.3　实验准备

6.1.3.1　仪器设备

2L 机械搅拌式生物反应器（LH Series210，England 公司）、超净工作台、摇床、高压灭菌锅、镊子、酒精灯、棉球、三角瓶、培养皿、解剖刀、pH 试纸。

6.1.3.2　主要试剂

MS 培养基各种母液、2,4-D、KT、CH（水解酪蛋白）、脯氨酸、GA_3（赤霉素）、蔗糖、琼脂。

6.1.3.3　实验材料

龙牙楤木体胚。

6.1.4　实验方法

6.1.4.1　培养基配制

（1）发苗培养基：MS＋1.0mg/L GA_3＋3.0％蔗糖＋0.7％琼脂。

（2）诱导培养基：MS＋1.0mg/L 2，4-D＋3.0％蔗糖＋0.7％琼脂。

（3）液体诱导培养基：诱导培养基不加琼脂，pH 5.5。

（4）分化培养基：MS＋500mg/ L CH ＋0.5mg/L KT＋0.25mg/L ABA ＋500mg/L 脯氨酸＋2.0％蔗糖。

6.1.4.2　胚性愈伤悬浮体系的建立

将诱导获得的松散、细粒状愈伤组织挑入液体诱导培养基中，在转速 100r/min 下振荡培养，继代频率（8±2）d/次，1 个月后挑出浅黄色、结构松散、细粒状愈伤组织转入固体诱导培养基中，如此反复多次后，用 80 目筛网过筛，用分化培养基反复冲洗 2～3 次，这样就建立起胚性愈伤组织悬浮体系。

6.1.4.3　接种

反应器在高压灭菌锅内灭菌（121℃，35min），分化培养基单独灭菌（121℃，15min）后，在超净工作台内，待反应器和培养基冷至室温，将愈伤组织悬浮细胞系和培养基由顶部接种口倾倒入反应器内，接种量控制在 2％～2.5％。设置好通气速度和搅拌转速，温度自动控制在（25±1)℃。反应器由蠕动泵添加 0.1 mol/ L NaOH 溶液和 0.1 mol/ L H_2SO_4 溶液，使 pH 控制为 5.3～6.0。

6.1.4.4　培养

培养刚刚开始时，通气速度为 800cm^3/min，搅拌速度为 60r/min，以满足培养期细胞分裂快、对氧气需求量大的要求。6d 后，将搅拌速度降至 40r/min。10d 以后，停止搅拌，通气速度下调至 600 cm^3/min。20d 以后，由于形成胚状体个体及密度的增加，将通气速度增至 800 cm^3/min。在培养过程中，每隔（3±

1）d 更换一次培养基。双子叶胚状体出现后（大约培养 24d，外形上出现绿点），停止培养。

6.1.5　实验结果

经过一段时间的培养，龙牙楤木体胚会大量生长，如图 6-3 所示。

图 6-3　生物反应器培养龙牙楤木体胚

6.1.6　实验报告

简述生物反应器的操作过程。

6.1.7　注意事项与建议

（1）在培养中可以根据具体情况分别采用摇动、搅拌或充气的方法。

（2）培养时必须根据培养种类对光照采取不同处理，如挡光、遮光或增加人工光照等措施，使培养物得到适合的光照。

（3）培养时必须为其提供适宜的温度。

（4）注意培养液的 pH 变化，有时这种变化会在短时间内发生。当培养液的 pH 超出植物细胞的最适范围时，就会抑制细胞的生长。因此，在日常管理中要格外关注培养液 pH 的变化。可以用 1mol/L 的 HCl 或 NaOH 溶液来调节培养液的 pH。

（5）在培养中，要注意防止污染。

6.1.8　思考题

（1）用生物反应器培养细胞应注意哪些问题?

（2）简述用生物反应器培养细胞的意义。

6.2　HPLC 法检测植物细胞次生代谢产物含量

6.2.1　实验目的

了解次生代谢产物分析方法，掌握高效液相色谱仪的使用原理与技术。

6.2.2 实验原理

HPLC 即高效液相色谱法，是以液体作为流动相，采用高压输液系统，将具有不同极性的单一溶剂或不同比例的混合溶剂、缓冲液等流动相泵入装有固定相的色谱柱，在柱内各成分被分离后，进入检测器进行检测，从而实现对试样的分析。该方法是 20 世纪 60 年代末在经典液相色谱的基础上发展起来的一种现代色谱分析方法，具有样品适用范围广、分离效率高、检测灵敏度高、分析速度快、样品回收方便等特点。

6.2.3 实验准备

6.2.3.1 仪器设备

水浴锅、高效液相色谱仪、超声波清洗器、移液器、分析瓶、色谱柱、滤膜、滤器、注射器。

6.2.3.2 实验材料

茶条槭悬浮细胞。

6.2.3.3 试剂

10％浓硫酸、甲醇、去离子水等。

6.2.4 实验方法

6.2.4.1 标准液的配制

精确称取标准品 0.005g，置于 50mL 容量瓶中，加甲醇溶解并定容至刻度，摇匀。配制成 0.1mg/mL 的标准液。

6.2.4.2 样品提取

精确称取经 100 目细胞筛筛过的茶条槭悬浮培养细胞干粉末 0.100 g，精确加入 2.0mL10％浓硫酸、2.0mL 甲醇，超声波处理 2min，加入甲醇定容至 5mL，60℃水浴 1h，0.45μm 滤膜过滤，超声 10s，盖上瓶盖。

6.2.4.3　流动相配制

流动相为甲醇：水＝4：6，超声波处理 1h。

6.2.4.4　液相色谱系统平衡

1）泵的操作

（1）用流动相冲洗过滤器，再把过滤器浸入流动相中。

（2）打开仪器开关，确认仪器管路、电路连接无误。

（3）打开泵的参比阀（将参比阀向右扳开）；排除管路中的气泡时，排 A 通路就将 A 设为 100%，如果是 B 通路就将 B 设为 100%，按“Enter”键确认；设定泵的流速为 1.0mL/min，按“Enter”键确认，启动泵流速。将注射器转入溶剂抽取阀门，先充满溶液，将溶剂抽取阀门向左旋转，至“DRAW”位置，抽出约 10mL 溶剂，抽取两次，并检查溶剂输送塑料管内确实已完全无气泡存在，抽取完毕后将阀门回转至“RUN”位置。

（4）设定泵流速为 15.0mL/min（注意：确认参比阀是往右扳开的），按“Enter”键启动泵以高流速来排挤管路内的气泡。

（5）确认溶剂排出是呈连续不间断状态，然后按一下“Stop Flow”键，停止泵的流速，再将溶剂排出阀门（reference valve）扳手往左压紧。

2）色谱柱的安装

按照色谱柱的方向箭头安装色谱柱，将两头螺丝拧紧。

3）进样器的操作

（1）在进样器主界面上，按一下“Purge Page”键，启动流速（此时流速为 0.5～1.0mL/min），确定有流动相溶剂从红色的不锈钢管路流出。

（2）设定清洗时间，一般为 10min。

（3）按一下“Start Purge”键，开始清洗程序，在清洗过程中，泵输送出的溶剂直接清洗内部管路而从左后方的透明小塑料管排出，而不从红色的不锈钢管路通往分离管柱。

（4）清洗结束后，再按一下“Main Page”键，回复至开机画面。

(5) 色谱仪进行平衡洗脱，通常平衡时间为 30min 左右。

6.2.4.5 进样

(1) 打开计算机，进入工作站。

(2) 点击“运行样品”，从清单中选择想要的项目和系统，点击“确定”。选择“使用样品组向导”命令。根据向导设置进样方法，然后选择“运行样品组”命令。

(3) 样品运行结束后，系统自动保存图谱，打开图谱进行数据处理。

(4) 用水、甲醇配比冲洗色谱柱，约 30min，冲洗干净后，用甲醇保存柱子，关泵，停机。

6.2.5 实验结果

按照下面操作进行数据处理：

(1) 点击浏览项目，选择相应项目。

(2) 在“通道”标签栏下，选择最低浓度标准样品，然后选“查看”命令，到查看窗口创建处理方法。

(3) 选择“新建”、“处理方法”命令。

(4) 选择新建处理方法，处理类型选择 LC，利用处理方法向导。

(5) 用鼠标选定最窄峰以设定峰宽，点击“下一步”。

(6) 用鼠标选定一段基线以设定检测峰起点和落点的阈值，点击“下一步”。

(7) 用鼠标选定积分区间，点击“下一步”。

(8) 如有必要可设定最小峰面积和最小峰高，然后点击“下一步”。

(9) 点击“下一步”。

(10) 点“否”。

(11) 选择或输入峰（组分）的名字，它们一定要与组分表中组分的名字一致。

(12) 点击“下一步”。

(13) 选择“外标校正”然后点击“下一步”。

(14) 命名处理方法，然后点击“完成”。

(15) 回到“查看”窗口然后选择“退出”命令。

(16) 在项目窗口下处理数据，处理方式有两种：① 如果要计算样品组中所有的样品，则选定要计算的样品组名，然后选择“处理”命令；② 如果要有选择地计算某些样品，则在“进样”或“通道”标签下选中要计算的样品，然后选“处理”命令。

> 以样品组方式处理时，样品组采样应先进标准样再进未知样。
> 一定要先选“标准样”，再选“未知样”。

(17) 点击“使用指定的处理方法（use specified processing method)”，然后指定处理方法，按“确定”。

(18) 在“结果组”或“结果”栏点击“更新”按钮显示最新计算结果，然后选中相应的样品，点右键选“查看”命令。

(19) 查看谱图和结果。

(20) 查看标准曲线。

> 标准样中组分的含量必须预先输入到组分表中（含量既可在采样时输入，也可在“项目”窗口中，在“通道”标签下，选中要输入含量的样品，选“工具”菜单下“改变样品”命令，在出现的样品表中修改样品信息，或选“量”图标，输入或修改样品的含量）。

通过 HPLC 分析，获得植物细胞中次生代谢物质的图谱（图 6-4）。

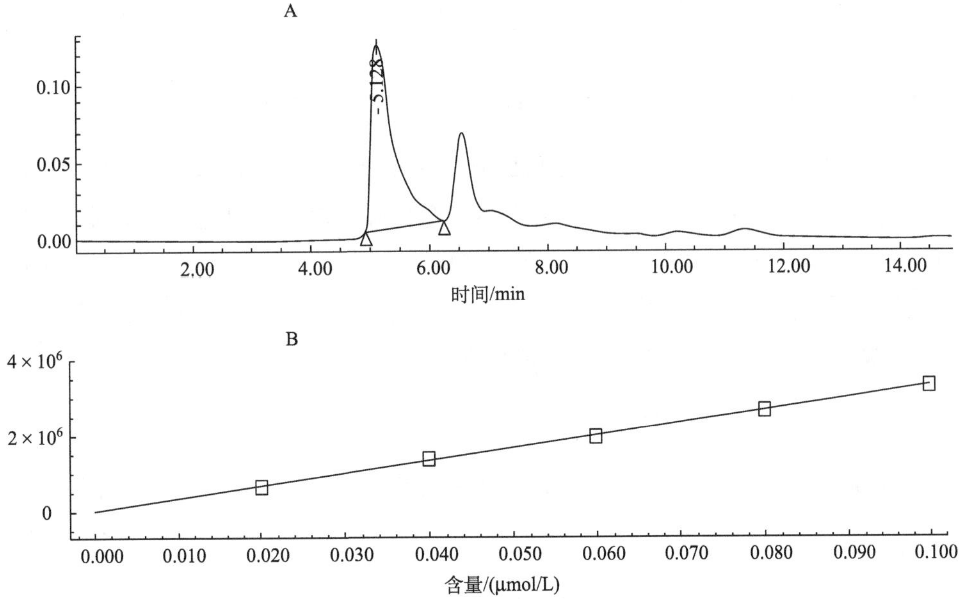

图 6-4　HPLC 色谱图

A. 样品色谱图；B. 标准曲线［横坐标为样品浓度，纵坐标为响应值（峰面积）］

6.2.6 实验报告

根据校正曲线计算样品中次生代谢物质的含量和产量。

6.2.7 注意事项与建议

（1）流动相必须用色谱纯级的试剂且每次应用之前须经过滤，脱气。

（2）分析中注意观察柱压不可太高，如超出极限，仪器（柱子）会被损坏，排除故障后，方可再用。

（3）柱压不稳或者峰形不好，可能是泵头内存有气泡，应该排除后再行分析测试。

（4）以样品组方式处理时，样品组采样应先进标准样再进未知样。

6.2.8 思考题

（1）利用液相色谱分析次生代谢产物时，需要注意哪些事项？

（2）如何确定检测到的峰是样品峰？

（3）检测过程中，出现色谱峰异常或保留时间飘忽不定，如何解决？

6.3 植物细胞诱导过程中相关酶活力变化检测

6.3.1 考马斯亮蓝法测定植物细胞的总蛋白质含量

植物体内的可溶性蛋白质大多数是参与各种代谢的酶类，测其含量是了解植物体总代谢的一个重要指标。在研究每一种酶的作用时，常以比活［酶活力单位(U)/蛋白质量（mg)］表示酶活力大小及酶制剂纯度。因此，测定植物体内可溶性蛋白质是研究酶活力的一个重要项目。常用方法有 Lowry 法和考马斯亮蓝 G-250 染料法。本实验主要介绍考马斯亮蓝 G-250 法。

6.3.1.1 实验目的

掌握植物体内可溶性蛋白的检测原理与方法。

6.3.1.2 实验原理

考马斯亮蓝 G-250 法是一种新建立的测定蛋白质含量的方法。其检测原理是基于染料考马斯亮蓝 G-250 和蛋白质之间形成的特异性结合。该染料主要是与蛋白质中的碱性氨基酸（特别是精氨酸）和芳香族氨基酸残基相结合，使溶液的颜色由棕黑色变为蓝色，在 595 nm 波长处有最大吸收峰，该峰的吸收值在小范围内与蛋白质浓度成正比关系。因此，通过测定染料的蓝色离子的量就可以算出蛋白质的量。

考马斯亮蓝有 G-250 和 R-250 两种。考马斯亮蓝 G-250 在游离状态下呈红色，最大光吸收在 465nm；当它与蛋白质结合后变为青色，蛋白质-色素结合物在 595nm 波长下有最大光吸收，其光吸收值与蛋白质含量成正比。考马斯亮蓝 R-250 与蛋白质反应虽然比较缓慢，但是可以被洗脱，所以可以用来对电泳条带染色。

6.3.1.3　实验准备

1）仪器设备

分光光度计、高速冷冻离心机、恒温水浴锅、10mL 量筒、研钵、容量瓶、移液器、枪头、试管架、比色杯、擦镜纸、吸水纸、10mL 离心管。

2）实验材料

植物组织和悬浮细胞。

3）试剂准备

牛 γ-球蛋白、95%乙醇、85%磷酸（*m/V*）、考马斯亮蓝 G-250。

标准蛋白质溶液：将牛 γ-球蛋白配成含量为 100μg/mL 的标准溶液，−20℃保存。

考马斯亮蓝 G-250 溶液：将 100mg 考马斯亮蓝 G-250 溶于 50mL 95%乙醇，加入 100mL 85%磷酸，然后，用蒸馏水补充至 1000mL，过滤，此染液放 4℃至少可 6 个月保持稳定，在常温下可放置 1 个月。

蛋白质提取液：50mmol/L Tris-HCl（pH 7.8），0.5mmol/L $MgCl_2$，1mmol/L EDTA，1mmol/L 二硫苏糖醇（DTT）。

6.3.1.4　实验方法

1）标准曲线的绘制

取体积分别为 10μL、20μL、40μL、60μL、80μL 和 100μL 的 100μg /mL 标

准牛 γ-球蛋白到离心管中，蒸馏水补至 100μL。取 100μL 的蒸馏水作为空白试剂。

准确吸取所配制的各管内溶液 100μL，分别放入 10mL 离心管中，加入 5mL 考马斯亮蓝 G-250 溶液，混合均匀，静置 2min。再取 2～3mL 混合液到比色杯中，在 595nm 波长下比色，绘制标准曲线。

混匀时可以倒转或者摇动使其混合均匀，动作要轻，以免产生泡沫，否则重现性会降低。

2）蛋白质提取

称取植物组织或悬浮细胞 0.3～0.5g 至冷冻过的研钵中，再加入提取液 3mL 和少量石英砂，在冰浴中将其快速研磨成匀浆，将匀浆倒入离心管中，再用 5mL 提取液分两次冲洗研钵，将洗后匀浆倒入离心管中，然后在 10000r/min 转速下，4℃离心 20min，所得上清液为可溶性蛋白质提取液。

3）样品测定

取 1mL 待测液加入 5mL 考马斯亮蓝 G-250 染色液，混合均匀，静置 2min。取 2～3mL 混合液到比色杯中，在 595nm 波长下比色，记录光吸收值，通过标准曲线计算蛋白质含量。

6.3.1.5 实验结果

根据以下公式计算样品中蛋白的含量：

$$样品中蛋白质的含量(mg/g) = C \times V_T/(V_s \times W_f \times 1000)$$

式中，C 为查标准曲线值（μg）；V_T 为提取液总体积（mL）；W_f 为样品鲜重（g）；V_s 为测定时加样量（mL）。

6.3.1.6 实验报告

绘制标准曲线，计算所测样品的蛋白质含量。

6.3.1.7 注意事项与建议

（1）考马斯亮蓝 G-250 溶液不稳定，每次实验最好新配，必须新做标准曲线图。

（2）考马斯亮蓝 G-250 配后，如果发现溶液中有絮状沉淀，可以过滤后使用，如果实验中发现过滤后的考马斯亮蓝 G-250 溶液在与样品接触后，短时间内又产生絮状物，可以推测考马斯亮蓝 G-250 过期。

6.3.1.8　思考题

（1）在检测过程中，样品反应时间对吸收峰有何影响？

（2）pH 对考马斯亮蓝 G-250 有何影响？

6.3.2　植物细胞诱导过程中 PAL 酶的活力测定

L-苯丙氨酸解氨酶（phenylalanine ammonia lyase，PAL）是催化 L-苯丙氨酸直接脱掉氨而生成反式桂皮酸的酶。L-苯丙氨酸解氨酶是 1961 年由 Koukol 和 Conn 在大麦中发现，并进行了分离纯化。PAL 存在于高等植物、酵母、菌类的可溶性部分。这是一个可将苯丙氨酸用于酚类化合物合成的酶，它在组织中的活性可随外界因素而发生显著变化，用光照、病菌侵害、植物激素处理等会使其活性显著增加。此外，该酶是植物苯丙烷次生代谢途径的第一个关键酶，也是限速酶。它作为初级代谢与苯丙烷次级代谢的纽带，是植物天然物质合成的关键酶，在植物正常发育和抵御病菌侵害过程中起重要作用。PAL 具有别构酶的特征，是一种典型的胞内诱导酶。在培养细胞中加入诱导物时，发现 PAL 基因的转录活性增高，然后 PAL 酶活性增高。此酶在植物体内次生物质（如木质素等）代谢中起重要作用。

6.3.2.1　实验目的

掌握植物体内 PAL 酶检测原理和方法。

6.3.2.2　实验原理

L-苯丙氨酸解氨酶（phenylalanineammonialyase，PAL）催化苯丙氨酸的脱氨反应，使 NH_3 释放出来，形成反式肉桂酸。反式肉桂酸在 290nm 处有最大吸收值。若酶的加入量适当，A_{290} 升高的速率可以在几个小时内保持不变，因此通过测定 A_{290} 升高的速率以测定 PAL 酶活力。

PAL 是一种寡聚酶，不同的植物，其 PAL 的氨基酸组成不同，最适 pH 也不同，一般为 8.0～9.5。

6.3.2.3 实验准备

1）仪器设备

紫外分光光度计、离心机、研钵、移液器、离心管、比色杯、擦镜纸、吸水纸等。

2）实验材料

植物组织和悬浮细胞。

3）试剂

0.1mol/L 硼酸-硼砂缓冲液（pH 8.8）、0.6mol/L L-苯丙氨酸溶液（用0.1mol/L pH 8.8 硼酸缓冲液配制）。

PAL 酶提取液：0.05mol/L 硼酸-硼砂缓冲液（pH 8.8）、5mmol/L EDTA、15mmol/L β-巯基乙醇、质量分数 2%的聚乙烯吡咯烷酮（polyvinylpyrrolidone，PVP）、体积分数为 3%的甘油。

PVP 是一种非离子型水溶性高分子化合物，作用为除去酚类物质毒害，防止颜色的干扰。

标准蛋白质溶液（100μg/mL）：准确称取 10mg 牛血清白蛋白于烧杯内，用蒸馏水溶解，混匀，用容量瓶定容至 100mL。

考马斯亮蓝 G-250 蛋白质染色液：称取 10mg 考马斯亮蓝 G-250，溶于 5mL 95% 乙醇中，加入 85 %（*m*/*V*）磷酸 10mL ，混匀后即为母液。用时，按15mL 母液加 85mL 蒸馏水的比例稀释，混匀后过滤即为稀释液。

6.3.2.4 实验方法

1）PAL 粗酶液提取

在冰浴的研钵中加入 1 g 植物材料、5mL 预冷的 PAL 酶提取液，将其研磨成匀浆，在 4℃条件下 10 000 r/min 离心 30min，上清液再用微孔滤膜（孔径 0.45μm）过滤后即为 PAL 粗提液。

2）PAL 酶活测定

1mL 酶液加 1mL0.02mol/L 苯丙氨酸、2mL 蒸馏水，总体积为 4mL。对照不加底物，多加 1mL 蒸馏水。反应液置恒温水浴 30℃中保温 30min，用紫外分光光度计在 290nm 处测定吸光度。以每小时吸光值增加 0.01 为一个酶活单位（U），PAL 比活力的计算按下式进行：

$$比活力=\frac{总酶活力（U）}{总蛋白质含量（mg/g）}$$

3）蛋白质含量测定

取酶液 0.1mL，用蒸馏水稀释至 5mL。取离心管 8 个，按表 6-1 加入各溶液。

表 6-1　样品反应梯度（mL）

编号	0	1	2	3	4	5	6	7
标准蛋白质溶液	0	0.2	0.4	0.6	0.8	1.0		
稀释酶液							1	1
蒸馏水	2	1.8	1.6	1.4	1.2	1		
考马斯亮蓝	2	2	2	2	2	2	2	2

将上述各管混匀，静置 2min，测定各管的 A_{595}。

6.3.2.5　实验结果

计算 PAL 总活力、比活力、蛋白质含量。

除测定酶的比活力［是指样品中每毫克蛋白质所含的酶活力（U）］之外，还必须测定蛋白质含量（mg）。比活力可用来比较酶制剂的纯度。

6.3.2.6　实验报告

1）绘制蛋白质测定的标准曲线

以 1～5 号管溶液的 A_{595} 值为纵坐标，相应管中的蛋白质微克数为横坐标，作图。

2）PAL 比活力计算

$$\text{PAL 总活力}=\frac{\Delta A_{290}\times V_t\times V}{0.1\times V_S\times F_w\times t}$$

式中，ΔA_{290}为 290nm 处酶液反应差值；V_t 为酶液总体积（mL）；V 为反应液总体积（mL）；V_S 为测定时取酶液的量（mL）；F_w 为样品鲜重（g）；t 为反应时间（h）；最后计算结果单位为 U/(g · h)。

$$\text{酶比活力}=\frac{\text{酶液中 PAL 总活力单位数（U）}}{\text{酶液中蛋白质总含量（mg）}}$$

6.3.2.7　注意事项与建议

不同的实验目的和实验材料会导致实验方法不同，在 PAL 活性测定实验中，硼酸缓冲液的浓度、PVP 的加入量、苯丙氨酸浓度有时需要调整。

6.3.2.8　思考题

试简述 PAL 酶在植物次生代谢途径中作用。

6.3.3　植物细胞诱导过程中 H_2O_2 含量的测定

植物在逆境下或衰老时，由于体内活性氧代谢加强而使 H_2O_2 发生累积。H_2O_2 可以直接或间接地氧化细胞内核酸、蛋白质等生物大分子，并使细胞膜遭受损害，从而加速细胞的衰老和解体。

H_2O_2 是活性氧的一种，是细胞有氧代谢的产物，它可作为第二信使参与植物体内的多种生理、生化代谢。通过诱导细胞内一系列防御基因表达和提高保护酶活性来清除活性氧，可防止其在逆境条件下的过多积累从而保护植物免受伤害。在信号传导途径的上游，通过抑制蛋白磷酸酶活性、激活蛋白激酶活性、刺激 Ca^{2+} 浓度增加、调节细胞的氧化还原状态等方式能够起到启动或增强信号的作用；在信号传导途径的下游，可以直接调节氧化还原敏感转录因子的氧化还原状态，从而影响其活性。

植物细胞中 H_2O_2 的检测可以利用激光共聚焦显微成像技术并结合一定的荧光探针的方法，也可以用分光光度计法定量测定 H_2O_2。下面主要介绍分光光度计法定量测定 H_2O_2。

6.3.3.1　实验目的

了解植物细胞中 H_2O_2 的检测方法，掌握分光光度计法检测 H_2O_2 的原理与技术。

6.3.3.2　实验原理

H_2O_2 与 $TiSO_4$（或 $TiCl_2$）生成过氧化物——钛复合物（黄色沉淀），它可被 H_2SO_4 溶解后，在 415nm 波长下比色测定。在一定范围内，其颜色深浅与 H_2O_2 浓度呈线性关系。

6.3.3.3　实验准备

1）仪器设备

分光光度计、研钵、移液器、10mL 容量瓶、5mL 离心管、离心机等。

2）实验材料

植物组织或悬浮细胞。

3）试剂

100μmol/L H_2O_2、丙酮试剂（取 30%分析纯 H_2O_2 57μL，溶于 100mL 丙酮中，此液稀释 100 倍）、2mol/L 硫酸、5%（*m/V*）$TiSO_4$、丙酮、浓氨水等。

6.3.3.4　实验方法

1）标准浓度 H_2O_2 吸光度的测定

按照表 6-2 配制待测液。

表 6-2　标准浓度 H_2O_2 待测液配制表（mL）

试剂/离心管编号	1	2	3	4	5	6	7
H_2O_2	0	0.1	0.2	0.4	0.6	0.8	1.0
4℃下预冷丙酮	1.0	0.9	0.8	0.6	0.4	0.2	0

续表

试剂/离心管编号	1	2	3	4	5	6	7
5%$TiSO_4$	0.1	0.1	0.1	0.1	0.1	0.1	0.1
浓氨水	0.2	0.2	0.2	0.2	0.2	0.2	0.2
2mol/L 硫酸	5.0	5.0	5.0	5.0	5.0	5.0	5.0

注：在加 2mol/L 硫酸前，将混合物 3000r/min 下离心 10min，弃上清留沉淀。再加入 2mol/L 硫酸。

待沉淀完全溶解后，将其小心转入 10mL 容量瓶中，并用蒸馏水少量多次冲洗离心管，将洗涤液合并后定容至 10mL 刻度，415nm 波长下比色。

2）样品提取和测定

称取新鲜植物组织 2～5g，按材料与提取剂 1∶1 的比例加入 4℃下预冷的丙酮和少许石英砂研磨成匀浆后，转入离心管，3000r/min 下离心 10min，弃去残渣，上清液即为样品提取液。

用移液器吸取样品提取液 1mL，按表 6-2 加入 5%$TiSO_4$ 和浓氨水，待沉淀形成后，3000r/min 离心 10min，弃去上清液。沉淀用丙酮反复洗涤 3～5 次，直到去除色素。

向洗涤后的沉淀中加入 2mol/L 硫酸 5mL，待完全溶解后，与标准曲线同样的方法定容并比色。

6.3.3.5 实验结果

根据公式计算植物细胞中 H_2O_2 含量。

$$每克鲜重植物组织中 H_2O_2 含量（\mu mol/g）= C \times V_T \times W_f \times V_1$$

式中，C 为标准曲线上查得样品中 H_2O_2 浓度（μmol）；V_T 为样品提取液总体积（mL）；V_1 为测定时所用样品提取液体积（mL）；W_f 为植物组织鲜重（g）。

6.3.3.6 实验报告

绘制植物细胞中 H_2O_2 含量变化曲线图。

6.3.3.7 注意事项与建议

（1）实验过程中，硫酸不慎溅到人体表面，如皮肤、眼睛等，必须及时用大量清水冲洗，严重的需要到医院治疗。

（2）丙酮使用前需要预冷。

6.3.3.8　思考题

（1）影响 H_2O_2 活性测定的因素有哪些?

（2）H_2O_2 在植物次生代谢途径中起什么作用?

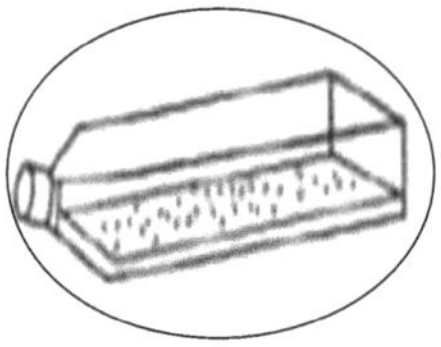

7. 模块七

动物细胞工程

动物细胞工程是以动物细胞为基本单位在体外条件下进行培养、繁殖和人为操作，使细胞产生某些人们所需要的生物学特性，从而改良品质，加速繁殖动物个体或获得有用品系的技术。动物细胞工程研究方法在应用于生产实践之前，要经过基础研究阶段，如细胞培养、细胞融合等。动物细胞工程可以生产活性产品、药品，如单克隆抗体和骨髓灰质炎疫苗等。

动物细胞培养是从动物活体组织分离得到的细胞，在适宜的液体环境下培养，使之能继续存活、生长和不断增殖的技术。动物细胞培养起源于动物组织培养技术。1907 年，Harrison 将蛙胚部分神经管组织接种在一张盖玻片上，滴上一滴蛙的淋巴液，然后翻转盖玻片使神经管组织及淋巴液悬挂在盖玻片下，再放置于一个凹形载玻片上，用蜡密封后放入培养箱中培养，成功地发现神经纤维末端进行阿米巴运动。他创造的悬滴培养法是最早建立的细胞、组织和器官体外培养技术。1912 年，Carrel 将 7d 鸡胚心脏组织块培养在血浆和鸡胚提取液混合物中，发现鸡胚浸出液对多种细胞生长有强烈促进作用，他建立的无菌操作技术和细胞培养方法为后来的传代培养奠定了基础。1943 年，Earle 对小鼠的结缔组织培养物用致癌化学物质处理，获得了能长期培养的细胞系。1951 年，Gey 用一个美国黑人妇女的宫颈癌组织成功建立了能在体外连续长期培养的 HeLa 细胞系。1957 年，Dulbecco 等采用胰蛋白酶消化处理和液体培养基培养方法获得了单层细胞，使单层细胞培养成为细胞培养普遍应用的技术。自此以后，动物细胞培养技术飞速发展，目前已经成为细胞生物学特性研究、疾病发生机理探索、基因功能分析、药物测试开发等不可或缺的工具技术。

动物细胞工程是指在细胞水平上研究、开发、利用各类动物细胞的工程，即人们根据科学设计改变细胞的遗传基础，并通过无菌操作，大量培养细胞的技术。动物细胞工程技术包括动物细胞核移植、动物细胞融合、干细胞工程、单克隆抗体制备、细胞生物反应器等。动物细胞培养技术是各种动物细胞工程的基础，利用动物细胞培养生产酶、生长因子、细胞因子、疫苗和单抗等，已成为医药生物高技术产业的重要部分，而通过细胞工程技术获得克隆动物、治疗用细胞、组织和器官更是未来农学、生物和医学研究的热点方向。

与植物组织培养相比，动物细胞培养要求更加严格，其所需基本条件包括：无毒无菌的培养环境、恒定的温度和气体条件、相对封闭和独立的小生境、适宜的液体培养基条件等。体外培养的动物细胞缺乏对微生物和有毒物的防御能力，其生存环境一旦被微生物或有毒物质污染可导致细胞中毒死亡。因此，在体外培养细胞时，必须保持细胞生存环境无菌无毒。目前，动物细胞培养实验通常在专门建设的无菌细胞培养室中进行，而对细胞进行原代培养、传代培养、换液等操作要在细胞培养室内放置的超净工作台或生物安全柜中进行。

温血动物细胞在体内生活于比较恒定的温度下，因而培养温血动物细胞必须有恒定适宜的温度才能维持其旺盛生长。大部分人和哺乳动物细胞在 37℃条件下均能够很好生长；鸟类体温较高，其细胞在 38.5℃条件下生长最快，但在

37℃条件也可以生长，生长速度稍慢；鱼类为变温动物，其细胞通常培养在25℃下生长最佳。气体是动物细胞生存必需条件之一，所需气体主要有氧气和二氧化碳。哺乳动物细胞开放培养时一般置于95%空气加5%二氧化碳混合气体环境中。二氧化碳既是细胞代谢产物，也是细胞生长繁殖所需成分，它在细胞培养中主要维持培养基的pH。大多数细胞的适宜pH为7.2～7.4，偏离这一范围对细胞培养将产生有害的影响。但细胞耐酸性比耐碱能力强，在偏酸环境中更利于细胞生长。有些细胞则需要特殊的气体环境条件，要根据具体实验而定。

动物细胞离体生长所需的相对独立和封闭小生境是通过将细胞培养在装有液体培养基的培养器皿中实现的。培养器皿包括无毒无菌的培养皿、培养瓶、培养板等。细胞培养液既可以为细胞正常生长和增殖提供一个适宜的生存小生境，又可为细胞正常生命活动提供必需的营养和能源物质。不同组织来源的细胞所需培养基不同。目前各种动物细胞培养通常采用市售的合成培养基添加一定浓度的正常动物血清。在细胞培养过程中，针对特定类型细胞选择合适的培养基是细胞培养成功的关键。动物细胞培养的过程如图7-1所示。

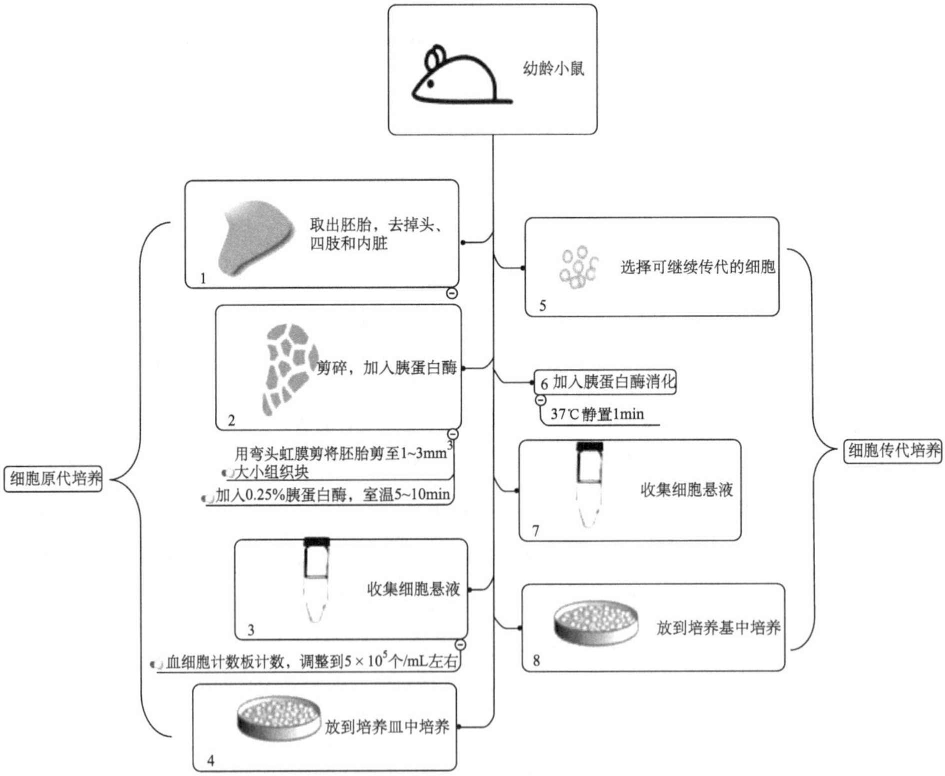

图7-1　动物细胞培养的过程

7.1　动物细胞培养的基本无菌操作

7.1.1　实验目的

（1）学习和掌握细胞培养的基本无菌操作技术，使学生了解细胞培养操作过程的注意事项。

（2）了解并掌握无菌过滤和分装方法。

7.1.2　实验原理

体外培养的动物细胞需要严格无菌的环境条件，细胞培养实验要在专门建设的无菌细胞培养室中进行。细胞培养室一般都包括缓冲间和操作间两个部分。缓冲间可放置冰箱、消毒好的无菌物品等；操作间放置超净工作台、二氧化碳培养箱、离心机、倒置显微镜等。在操作间、缓冲间顶壁、超净工作台内都安装有紫外灯。细胞培养室工作环境及工作台表面的处理通常采用紫外线消毒。细胞培养实验前要打开室内和超净工作台内紫外灯照射 30～60min，对培养室空气、操作台、超净工作台等表面消毒。紫外线消毒时产生臭氧，对身体有害，故紫外线消毒停止后 30min 才可入室工作。目前市售的无臭氧紫外灯灭菌可以避免产生大量臭氧。

7.1.3　实验准备

7.1.3.1　仪器设备

超净工作台、二氧化碳培养箱、水平吊桶离心机、倒置相差显微镜、水浴锅（37℃）、移液枪、无菌吸头、无菌 15mL 离心管、长镊子、倾斜 45°放置的 50mL 和 15mL 离心管架、废液缸。

7.1.3.2　所用试剂和材料

装有灭菌水的 500mL 血清瓶、75％乙醇、无菌吸头、离心管、15mL 离心管、100mL 血清瓶。

7.1.4　实验方法

（1）实验前，细胞培养室及无菌操作台用紫外灯照射 30～60min 灭菌。

（2）用肥皂彻底清洁手和小臂，用75%乙醇对手及裸露在外的手臂擦拭消毒。

也可用1‰～2‰的新洁尔灭对皮肤和操作室台面进行擦拭消毒。

（3）进入细胞培养室的缓冲间，换上消毒的拖鞋，穿上无菌服，戴上无菌帽。

（4）用75%乙醇擦拭无菌操作台面，并开启无菌操作台风机运转10min。

（5）点燃酒精灯，将要分装的液体容器、无菌吸头盒、离心管架等表面经乙醇消毒后，放入超净工作台。

点燃酒精灯后，所有操作均在火焰附近进行。

（6）分装大体积灭菌水时，小心用无菌镊子从灭菌的金属饭盒中取出离心管放在管架上，管盖侧向开口放置于离心管旁，避免造成污染。将100mL血清瓶在酒精灯火焰上轻烧瓶口，开盖后，将瓶盖开口侧向放置于酒精灯侧面。

切勿碰触离心管边缘与吸头头部或容器瓶口，不要在打开容器的正上方操作实验。

尽量勿将离心管和瓶盖口朝上放在台面上。

（7）按照打开100mL血清瓶的方法打开500mL血清瓶，用手握住瓶身将瓶口轻轻烧灼，倾斜后倒入准备好的100mL血清瓶或15mL离心管中。

（8）将液体分装到离心管过程中，小心用无菌镊子从灭菌的金属饭盒中取出离心管放在管架上，避免造成污染，用手握住瓶身将血清瓶口轻轻烧灼（倾斜约45°），用移液器小心取出血清并分装到离心管中。

废弃吸头及液体装入废液缸。

（9）分装完毕后，用移液器吸头将原瓶及分装原（管）口边缘残余液体吸净，在酒精灯火焰上轻烧瓶（管）口，盖上盖子，拧紧瓶（管）口，再盖上离心管，瓶或管用封口膜封口，标记名称、时间等后重新置于4℃冰箱保存。

（10）实验结束后，将实验物品带出工作台，将废液缸拿出细胞培养室，清洗干净后放入缓冲间重复使用。如需要继续进行下一个实验，则用75%乙醇擦拭无菌操作台面，再让无菌操作台风机运转10min后，才可进行下一个实验操作。

7.1.5 注意事项与建议

（1）进行细胞培养实验应勤洗澡，常换衣，不留长指甲，这样可以预防细胞污染。

（2）操作动作要准确敏捷，但又不能太快，以防空气流动，增加污染机会。

（3）不能用手接触已消毒器皿的工作部分，从灭菌金属饭盒中取用离心管时要使用烧灼过的镊子。

（4）耐热物品要经常在酒精灯火焰上烧灼，金属器械烧灼时间不能太长，以免退火，冷却后才能夹取物品。吸取过营养液的用具不能再烧灼，以免烧焦形成碳膜。

（5）瓶子开口后要尽量保持45°斜位，吸溶液的吸管等不能混用。

（6）无菌操作工作区域应保持清洁与宽敞，除酒精灯、镊子、移液器、试管架等可以暂时放置，其他实验用品用完后应及时移出，以利于气体流通。实验用品要用75％乙醇擦拭后才能带入无菌操作台内。实验操作应在操作台中央无菌区域内进行，勿在边缘非无菌区域操作。

7.1.6 实验报告

叙述细胞培养基本无菌操作的流程及注意事项。

7.1.7 思考题

（1）细胞培养为什么要在细胞培养室的超净工作台内进行？

（2）超净工作台内瓶子开口后为什么要尽量保持45°？

7.2 动物细胞培养基本用液的配制与保存

7.2.1 实验目的

（1）了解并掌握哺乳动物细胞培养基、缓冲液、消化用液的成分、作用机制及配制方法。

（2）熟练掌握细胞培养基本用液的除菌方法。

7.2.2 实验原理

动物细胞培养使用的培养基一般由合成培养基和正常动物血清配制而成。合成培养基是根据细胞生长需要按一定配方制成的粉状物质，其主要成分是氨基酸、维生素、碳水化合物、无机离子和其他辅助物质，同时加入适量的碳酸氢钠，以调节其酸碱度，使pH维持在7.2～7.4，并具有与体液相同的渗透压。目前常用的合成培养基种类很多，如199、RPMI1640、Eagle's、DMEM等，它们含有的氨基酸、维生素等在数量和种类上有所不同，在应用时可根据所培养的细胞类型选择相应培养基。市售的合成培养基分为干粉培养基和液体培养基两类。液体培养基可直接使用，干粉培养基需自己配制并灭菌。

血清中除含有一定的营养成分外，还含有细胞生长所必需的生长因子、激素、黏附因子等，这是合成培养基所无法替代的，此外它还能中和有毒物质的毒性。最常用的动物正常血清种类包括新生牛血清（neonatal calf serum，NCS）、胎牛血清（fetal bovine serum，FBS）、马血清（horse serum，HS）、人血清等。不同细胞培养均有自己适用的血清，要按照细胞株资料使用指定的血清种类进行培养。有些细胞培养需要使用灭活的血清。血清灭活是指对已完全解冻的血清进行56℃ 30min加热，加热过程中必须规则摇晃使之均匀。此处理可使血清中的补体成分灭活。但热灭活会造成血清沉淀物增多，影响血清质量。

原代细胞培养及传代细胞培养过程中都要使用缓冲液进行细胞洗涤。细胞培养用缓冲液通常包括磷酸盐平衡缓冲液PBS、DPBS、Hank's、D-Hank's液等，不同缓冲液之间盐离子的组成有差异，但总的原则是符合细胞的生理渗透压（700～775kPa）和pH（7.2～7.4）。

原代培养中解离组织及传代培养中分散细胞通常用到胶原酶和胰蛋白酶等消化酶。胰蛋白酶简称胰酶，粉末状，制备自牛或猪胰腺，能使细胞间的蛋白质水解，离散细胞。胰酶溶液在pH 8.0、37℃时作用最强。而钙离子、镁离子和血清蛋白的存在会降低胰酶活力。因此，胰酶溶液常用无Ca^{2+}、Mg^{2+}的D-Hank's平衡盐溶液配制成0.25%溶液。消化细胞时，加入一些血清、含血清的培养液或胰蛋白酶抑制剂能终止胰蛋白酶对细胞的消化作用。

在细胞消化时常用到EDTA。一些组织，尤其上皮组织，在生长过程中需Ca^{2+}和Mg^{2+}维持组织的完整性。EDTA可以从细胞生存环境中夺取Ca^{2+}和Mg^{2+}形成螯合物使细胞分离，对细胞有一定的解离作用，毒性小，使用方便。

胰蛋白酶和 EDTA 混合使用可提高消化效率。EDTA 只用于消化传代细胞。EDTA 作用不受血清抑制，故消化后需彻底去除，否则会影响细胞生长。

通常在细胞培养液内添加适量抗菌素以抑制可能存在的细菌和霉菌的生长。通常青霉素和链霉素联合使用。在特殊情况下，如真菌污染则要添加制菌霉素，支原体污染要添加抗支原体的药物等。

7.2.3　实验材料

7.2.3.1　仪器设备

超净工作台、二氧化碳培养箱、水平吊桶离心机、倒置相差显微镜、水浴锅（37℃）、电子分析天平、磁力搅拌器、pH 计、高压灭菌锅、孔径 0.22 μm 微孔滤膜的滤器、纯水仪、移液器、镊子、1 L 烧杯、无菌 500mL 血清瓶、无菌 50mL 离心管、无菌 15mL 离心管、无菌离心管、无菌吸头。

7.2.3.2　实验试剂

纯水（milli-Q 水或二次至三次蒸馏水，水品质非常重要）、合成培养基（DMEM）粉末、血清、碳酸氢钠、粗制胰蛋白酶粉末、EDTA、青霉素、链霉素、氯化钠、氯化钾、磷酸氢二钠、磷酸二氢钾、葡萄糖、酚红、盐酸、氢氧化钠。

7.2.4　实验方法

7.2.4.1　细胞培养用磷酸盐缓冲液（PBS）的配制

PBS 溶液配制后 pH 一般为 7.2～7.4，不需要再调节。

（1）在电子分析天平上，称取氯化钠 8.0g、氯化钾 0.20g、磷酸氢二钠 1.1443g、磷酸二氢钾 0.20g，溶解于 500mL 超净水中，磁力搅拌至完全溶解。

（2）1L 容量瓶中进行定容，加超纯水至总体积为 1L。按 500mL/血清瓶分装，高压湿热灭菌，灭菌前盖子要盖得松些，在瓶子上标记名称、浓度、时间和操作人。

血清瓶盖子松些有利于湿热气体进入，起到灭菌效果，并且能防止灭菌后温度下降后盖子太严造成内外压强差别太大而无法打开盖子。

（3）将瓶子从灭菌锅取出后，晾至室温，盖严盖子并封好瓶口，4℃ 冰箱或室温短期保存备用。

7.2.4.2 D-Hank's 平衡盐溶液的配制

D-Hank's 缓冲液也称为 HBSS，可作为细胞培养时的洗涤用液。

（1）在电子分析天平上，称取氯化钠 8.0g、氯化钾 0.40g、磷酸氢二钠 0.0475g、磷酸二氢钾 0.06g、碳酸氢钠 0.35g、葡萄糖 1g、酚红 0.01g，溶解于 500mL 超净水中，磁力搅拌至完全溶解，调 pH 至 7.2。

（2）将混合液于容量瓶中定容至 1L。按 500mL/血清瓶将其分装，高压湿热灭菌，在瓶子上标记名称、浓度、时间和操作人。

（3）将瓶子从高压灭菌锅取出后，晾至室温，盖严盖子并封好瓶口，4℃ 冰箱保存备用。

7.2.4.3 细胞消化用胰酶的配制

（1）在电子分析天平上，称取 0.25g 胰酶，加入装有 100mL D-Hank's 缓冲液的烧杯中，置于 4℃冰箱的磁力搅拌器上，低速搅拌。

称量时要迅速，在室温放置时间太长，胰酶会吸水而使称量不准确。

低速很重要，机械搅拌对酶是一种冲击，如果起沫，酶就变性了；4℃低温，防止酶失活。

（2）将烧杯置于冰水混合物中，用 1mol/L 盐酸调节 pH 7.4。

（3）在超净工作台中，用孔径 0.22 μm 滤膜的滤器过滤上述溶液，分装于 1.5mL 的离心管管中，每管 1mL，标记名称、浓度、时间和操作人，－20℃保存备用。

过滤和分装要严格遵守 1.1 节中的无菌操作流程。

7.2.4.4 0.5mol/L EDTA 的配制

胰酶溶液中可加入 EDTA，使最终浓度达 0.02%，对于贴壁细胞的传代有更好的效果。

称取 186.1g 的 $Na_2EDTA \cdot 2H_2O$ 和 20g 氢氧化钠，溶于水中，定容至 1L。

也可配制等物质的量的 Na_2EDTA 和氢氧化钠溶液（0.5mol/L），混合后形成 EDTA 的三钠盐。

7.2.4.5　合成培养基的配制

（1）根据说明书指导，将合成培养基干粉倒入 1L 烧杯中，加入一定体积的去离子水，用磁力搅拌 1～2h 使之充分溶解。

（2）溶解 $NaHCO_3$，按照说明加入细胞培养基，使用 pH 计，调节 pH 至 7.2～7.4。

若将 $NaHCO_3$ 粉末直接加入液体培养基中会造成 pH 误差，或局部过碱。因此粉末培养基及 $NaHCO_3$ 粉末应分别溶解后再混合，然后用 CO_2 气体调整 pH，而非用强酸（HCl）或强碱（NaOH），因为氯离子对细胞生长可能有影响，且贮存时培养基的 pH 易发生改变。

（3）在容量瓶中进行定容，加水至最终体积。

（4）在超净工作台中以 0.1mm 或 0.2mm 无菌过滤膜过滤上述溶液并灭菌，将其分装至无菌容器中，盖紧瓶口。

（5）瓶口封好，标示培养基种类、日期、瓶号等，4℃冰箱贮存。

（6）液体培养基贮存于 4℃ 冰箱，避免光照，实验进行前放在 37℃ 水槽中温热。液体培养基存放期为 6 个月，其间谷氨酰胺逐渐分解，再使用时要重新添加适量谷氨酰胺。

7.2.4.6　200mmol/L L-谷氨酰胺的配制

称取 2.9222gL-谷氨酰胺（相对分子质量 146.15），加适量 50℃三蒸水溶解，定容至 100mL；滤过除菌，1mL/管分装于离心管中，－20℃保存。使用时每 100mL 培养基中加 1mL 谷氨酰胺。

7.2.4.7　青霉素、链霉素（双抗）的配制

用 10mL Hank's 液或三蒸水溶解 100 万 U 的硫酸链霉素，用 8mL 硫酸链霉素液溶解 80 万 U 青霉素粉，即成每毫升青霉素、链霉素各 10 万 U 的浓储液。使用时，在 100mL 培养基内加浓储液 0.1mL，则培养基内青霉素、链霉素最终使用浓度为 100U/mL。

7.2.4.8 血清的灭活及分装

血清不要直接由-20℃至37℃解冻，因温度改变太大，容易造成蛋白质凝结而发生沉淀。也不要将血清长时间置于37℃，长时间放置易导致血清变得混浊，同时血清中许多不稳定成分受到破坏。

瓶装（500mL）血清在4℃冰箱缓慢解冻，至室温下全溶后再分装，一般50mL无菌离心管中分装40～45mL。在溶解过程中必须规则摇晃使其均匀，温度与成分均一，减少沉淀的发生。

小心，勿造成气泡。

7.2.5 注意事项与建议

（1）配制细胞培养用液的化学试剂均应为经过细胞培养测试无毒的试剂，非普通化学试剂。

（2）合成培养基、胰蛋白酶、血清、谷氨酰胺等不能采用高压灭菌，只能利用孔径为0.22μm的滤器过滤除菌。

（3）进入细胞培养室分装相关液体要严格遵守无菌操作流程。

（4）需要冷冻保存的试剂，如血清、胰酶、双抗、谷氨酰胺等，在分装时要预留液体解冻时膨胀的体积，通常液体冷冻时体积会增加约10%。

（5）需要冷冻保存的试剂分装时尽量按照一次或两次使用的剂量分装，不能大体积分装后反复冻融，会使蛋白质变性失效。

（6）所有冷冻和冷藏的细胞培养用液在使用前要利用水浴或室温回温后使用。

（7）一般厂商提供血清为无菌，不需再无菌过滤。血清中凝絮物存在是由于血清中的脂蛋白变性及解冻后的血纤维蛋白（fibrin）凝聚造成，不会影响血清的品质。可采用3000r/min离心5min去除这些沉淀物，不建议直接通过过滤血清去除这些沉淀物，因为会阻塞滤膜，但可对配制好的完全培养基进行过滤后去除。

（8）配制细胞培养用液的各种玻璃及塑料器皿用毕立即刷洗，蒸馏水和纯水润洗后晾干收藏。

7.2.6 实验报告

记录细胞培养各种基本用液的配制过程及方法。

7.2.7 思考题

（1）PBS等缓冲液在细胞培养中有何作用?

（2）细胞培养时为什么要在合成培养基中再加入正常动物来源血清?

（3）振摇促进血清溶解时为什么要尽量减少气泡产生?

7.3 动物细胞计数与存活实验

7.3.1 实验目的

学习掌握细胞计数、细胞存活和死亡的鉴定方法，学习鉴定细胞的活力情况。

7.3.2 实验原理

培养细胞在接种到培养器皿时需要有一定密度的活细胞才能生长良好，在细胞接种或冻存等操作前通常要进行细胞计数。细胞计数的原理和方法与血细胞计数相同。血细胞计数板一般有两个计数室，每个计数室中细刻 9 个 $1mm^2$ 大正方形，其中中央的正方形再细刻 25 个小格，深度均为 0.1 mm。当计数室上方盖上盖玻片后，每个大正方形体积为 1.0×10^{-4} mL。使用时，对中间正方形内的细胞进行计数，乘以稀释倍数，再乘以 10^4，即为每毫升细胞悬液中的细胞数目。

在原代细胞培养过程中，机械处理和胰酶消化会造成部分细胞死亡；在药物测试过程中，加入药物可以引起细胞死亡；对细胞的冷冻保存过程中，冻存和复苏也会引起部分细胞死亡。因而，在细胞培养实验过程中，通常需要分析细胞群体中的细胞存活和死亡情况。台盼蓝是一种无毒或低毒的生物染料，不能透过活细胞的细胞膜。而当细胞死亡，细胞膜破坏，台盼蓝能够进入细胞而着色。因而，通过台盼蓝染色可区分死细胞与活细胞。总细胞中活细胞所占的百分比叫做细胞活率，通过检查活率，可以了解细胞的存活及损伤情况。

7.3.3　实验准备

7.3.3.1　实验仪器

超净工作台、二氧化碳培养箱、水平吊桶离心机、倒置相差显微镜、移液枪、无菌吸头、无菌 15mL 离心管、倒置相差显微镜、血细胞计数板及盖玻片、离心管。

7.3.3.2　实验材料

小鼠胚胎成纤维细胞系 NIH3T3 单细胞悬液。

7.3.3.3　实验试剂

0.4%台盼蓝、PBS 缓冲液、75%乙醇。

0.4%台盼蓝染液配制：称取 0.4g 台盼蓝，加重蒸水至 100mL，0.22μm 滤膜过滤除菌和杂质，4℃保存备用。

7.3.4　实验步骤

紫外线照射细胞培养室和超净工作台至少 30min 灭菌。进入细胞培养室之前，用肥皂清洗双手，擦干并喷洒 75%乙醇，换上消毒的拖鞋，穿上无菌服，戴上无菌帽。

7.3.4.1　细胞计数

(1) 将血细胞计数板及盖玻片用酒精棉球和擦镜纸擦拭干净，并将盖玻片盖在计数板上。

(2) 将细胞悬液混匀，吸出少许，自血细胞计数板计数室上方凹槽加入，使悬液充满盖玻片和计数板之间，静置 3min。

(3) 放于倒置显微镜下，选择 10 倍物镜观察，计算计数板中央大格细胞总数，压线细胞只计算左侧和上方的，每 $1mm^2$ 的细胞数在 100 个以内。

如果视野内的细胞过多（≥100 个/mm^2），只需要计算中心大方格对角线上的 5 个小方格，得到的细胞数×5。如果细胞密度过大，需对细胞悬液稀释后计数。

（4）按下式计算细胞数。

每毫升细胞数＝中央大格细胞总数×10 000×稀释倍数

7.3.4.2　细胞活力检测

（1）将细胞悬液 0.2mL 加入离心管中。

（2）加入 0.2mL 0.4%台盼蓝染液，染色 2～3min。

（3）吸取少许悬液涂于载玻片上，加上盖玻片。

（4）镜下取 5 个任意视野分别记录死细胞和活细胞数，计算细胞活力。

死细胞能被台盼蓝染上蓝色，镜下可见深蓝色的细胞，活细胞不被染色，镜下呈无色透明状。

7.3.5　注意事项与建议

（1）细胞计数时镜下偶见由两个以上细胞组成的细胞团，应按单个细胞计算，若细胞团占 10%以上，说明分散不好，需重新制备细胞悬液。

（2）细胞活力分析和细胞计数可以同时进行。细胞进行台盼蓝染色后，先记活细胞数，再记细胞总数，可以得出单位体积内的活细胞数和单位体积内的细胞总数。

7.3.6　实验报告

根据细胞计数的结果分析细胞活力。

7.3.7　思考题

为什么细胞计数时压线细胞只计数左侧和上方的？可以采取其他方法吗？

7.4　原代小鼠胚胎成纤维细胞的制备及培养

7.4.1　实验目的

掌握小鼠成纤维细胞原代培养的方法和步骤，熟悉培养细胞的观察方法，了解体外培养成纤维细胞的基本形态（图 7-2）。

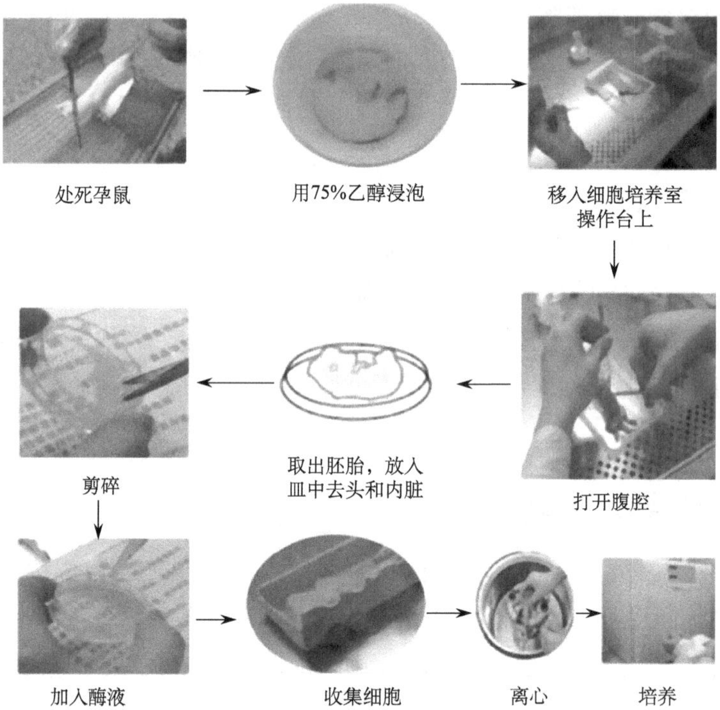

图 7-2 小鼠原代培养过程示意图

7.4.2 实验原理

细胞培养分为原代培养和传代培养。原代培养，也叫初代培养，是指由体内取出组织，经消化酶（常用胰蛋白酶或胶原酶）、螯合剂（常用 EDTA）或机械方法处理，将其分散成单细胞，置于合适的培养基中培养，使细胞得以生存、生长和繁殖，这一过程称原代培养。原代培养细胞离体时间短，遗传性状和体内细胞相似，适于做细胞形态、功能和分化等研究。原代培养细胞移动性强，细胞分裂不旺盛，存在异质性细胞。

7.4.3 实验准备

7.4.3.1 仪器设备

超净工作台、二氧化碳培养箱、水平吊桶离心机、倒置相差显微镜、水浴锅（37℃）、无菌培养皿、移液枪、无菌吸头、无菌 15mL 离心管、实体解剖显微镜、眼科剪刀、眼科镊、废液缸、计时器、血细胞计数板、记号笔。

7.4.3.2　实验材料

妊娠 13.5d 孕鼠。

7.4.3.3　试剂

DMEM 高糖培养基、新生牛血清、200mmol/L 谷氨酰胺、100×双抗浓储液、0.25%胰蛋白酶、75%乙醇、PBS 缓冲液。

7.4.4　实验步骤

（1）紫外线照射细胞培养室和超净工作台至少 30min 灭菌。进入细胞培养室之前，用肥皂清洗双手，擦干并喷洒 75%乙醇，换上消毒的拖鞋，穿上无菌服，戴上无菌帽。

（2）生长培养基的配制：在 50mL 离心管中配制 40mL 完全生长培养基，添加 10%新生牛血清、谷氨酰胺（终浓度 2mmol/L）、青霉素和链霉素（终浓度分别为 100 U/mL 和 100 μg/mL）。

首先向 50mL 离心管中加入 4mL 新生牛血清、400μL 200mmol/L 谷氨酰胺、400μL 双抗，然后加入 45.2mL 高糖 DMEM 培养基，混匀。

（3）取 1 只 13.5d 孕鼠颈椎脱臼法处死，在细胞培养室外，用 75%乙醇浸泡 3min 左右。

小鼠处死后在乙醇中消毒时间不能太短，否则起不到消毒作用，也不能时间太长，否则乙醇经小鼠口鼻及肛门进入体内，影响细胞培养效果。

（4）从消毒乙醇中取出孕鼠，移入细胞培养室操作台上，腹面朝上放于无菌 ϕ10cm 培养皿上，剪开皮肤层、肌肉层，打开腹腔，将连接在子宫上的组织及脂肪剪去，将子宫取出，放到一个新的含冷 PBS 的 ϕ10cm 培养皿中，移至超净工作台。

PBS 预冷可以有效保护细胞，防止组织死亡，装有冷 PBS 的培养皿放置在冰袋上，保持低温。

（5）用剪刀打开子宫壁，取出胚胎，将胚胎外的胞膜小心去除，进一步去除胎鼠的头和各种内脏。

（6）将胚胎再移入一个新的 ϕ3.5cm 培养皿中，用 PBS 洗 3 次。去除 PBS，用弯头虹膜剪将胚胎剪至 1～3mm^3 大小组织块，加入 PBS 清洗至溶液基本无色。

（7）将组织块移至一新的 ϕ3.5cm 培养皿中，加入新 PBS，静置 1min 左右，待组织块沉降下来后，吸去 PBS。加入 0.25%胰蛋白酶溶液，体积约为组织块的 2 倍，室温下消化 5～10min，其间用移液器轻轻吹打两次，倒置显微镜下观察发现大量细胞释放出来。

肉眼可以观察到溶液浑浊变黏。

（8）加入等体积的含血清的培养基终止消化，用移液器轻轻吹打 5～10 次，使更多单细胞释放出来。将上部溶液转入 15mL 离心管中静置数分钟，将上清移到一个新离心管中，弃掉剩余组织块。

如果得到的细胞量少，剩下的组织可以重复上述消化步骤再次收集单细胞。

（9）800～1000r/min 离心收集有细胞悬液的离心管 5min，去除上清，加入培养液 1～2mL（视细胞量），血细胞计数板计数。

（10）将细胞调整到 5×10^5/mL 左右，转移至 ϕ6cm 培养皿中，加入 3～5mL 完全培养基，转入二氧化碳培养箱中进行培养。

（11）每日镜下观察细胞生长状况。

7.4.5　注意事项与建议

（1）双抗及谷氨酰胺均为−20℃保存，配制细胞培养基时应先将其从冰箱拿出融化，谷氨酰胺融化后仍为白色沉淀，需用手加温并持续摇晃后方能完全溶解。

（2）PBS 缓冲液应提前分装到 50mL 离心管后使用。

（3）在超净工作台中，组织细胞、培养液等不能暴露过久，以免溶液蒸发。

（4）凡在超净工作台外操作的步骤，各器皿需用盖子盖住，以防止细菌落入。

（5）胎鼠组织消化后收集细胞时可能带有少量组织块，接种后不会影响细胞的生长。

7.4.6　实验报告

记录原代细胞培养过程、注意事项及结果。

7.4.7 思考题

（1）在胰酶消化胎鼠后会观察到消化液出现黏稠现象，此种现象是何原因引起的，如何能够降低消化后液体的黏稠程度？

（2）如何能够提高原代细胞的产量？

7.5 哺乳动物细胞的传代培养

7.5.1 实验目的

（1）了解哺乳动物传代细胞培养的基本知识。

（2）通过观察，学会使用镜检判定体外细胞生长的状态。

（3）熟练掌握动物细胞的传代培养方法。

7.5.2 实验原理

当原代培养的细胞或者细胞株持续生长、繁殖，造成密度过大、生存空间不足时，就要进行传代，称之为传代培养。把原代培养的细胞连续传代即称为细胞系。从原代或传代培养的细胞中选择出具有特殊性质或特征的细胞，使其克隆化，并在以后的连续培养中保持这种特殊性质或特征，即称为细胞株。传代培养时，通常是以一定的比例将细胞转移到另外的培养容器中进行扩大培养。细胞按照是否贴壁生长可以分为 3 类：① 贴壁细胞，此类细胞贴壁较牢，采用酶消化法进行传代；②半贴壁半悬浮细胞，此类细胞呈贴壁状态生长，但贴壁不牢，传代时可直接将其吹打下来；③悬浮细胞，可通过离心收集细胞，然后去除上清，再重新接种。传代培养也是一种将细胞种保存下去的方法。

7.5.3 实验准备

7.5.3.1 仪器设备

超净工作台、二氧化碳培养箱、水平吊桶离心机、倒置相差显微镜、水浴锅（37℃）、无菌培养皿或培养瓶、移液枪、无菌吸头、无菌 15mL 离心管、废液缸等。

7.5.3.2 实验材料

NIH3T3 细胞、人胚肾来源细胞系 293 细胞。

NIH3T3 细胞、293 细胞和原代培养的小鼠胚胎成纤维细胞均为贴壁生长细胞。

7.5.3.3 试剂

含 10%新生牛血清的 DMEM 高糖完全培养基、0.25%胰蛋白酶、75%乙醇、PBS 缓冲液。

如果没有保存的完全培养基，就需要在灭菌结束后、细胞传代前配制：首先向 50mL 离心管中加入 4mL 新生牛血清、400μL 200mmol/L 谷氨酰胺、400μL 双抗，然后加入 45.2mL 高糖 DMEM 培养基，混匀。

7.5.4 实验步骤

（1）紫外线照射细胞培养室和超净工作台至少 30min 灭菌。进入细胞培养室之前，用肥皂清洗双手，擦干并喷洒 75%乙醇，穿无菌服，戴无菌帽。把装有完全培养基、PBS 缓冲液的离心管放入 37℃水浴锅内预热 15～20min。

（2）将细胞密度达 90%的培养在 ϕ6cm 培养皿中的 NIH3T3 细胞、293 细胞或原代培养的小鼠胚胎成纤维细胞从二氧化碳培养箱中取出，在超净工作台中将培养液吸出，用预热的 PBS 洗涤两次，每次加 1mL，吸掉 PBS 后，加入经 PBS 稀释 5 倍的胰酶-EDTA，37℃静置 1min。

PBS 要预热，否则容易使细胞未经消化就大片脱壁。

加入胰酶-EDTA 的体积以液面刚刚盖住细胞为宜。

（3）在倒置镜下观察被消化的细胞，如果细胞变圆，并且边缘变亮，相互之间不再连接成片，表明此时细胞消化适度，在超净工作台中将消化液吸掉，加入 1mL 含血清的新鲜培养液，轻轻吹打，将细胞都吹打下来，吸到 15mL 离心管中，加 2mL PBS 再次将残余的细胞吹打下来，然后吸到上述 15mL 离心管，重复一次。

细胞不能消化时间过长，否则对细胞的伤害大，影响细胞的活力。

（4）将上述细胞悬液 800～1000r/min 离心 5min，在超净工作台中将上清吸掉，加入 1mL 完全培养基将沉淀重悬，将细胞悬液吸出 1/3 左右体积，加到一个新的 ϕ6cm 培养皿中，并向培养皿中分别加 3mL 培养基，盖好盖子，轻轻摇动培养皿，使细胞分散均匀，送回二氧化碳培养箱中，继续进行培养。

如果细胞分布不均匀，局部过密，不利于细胞的生长。

如果要进行扩大培养，可将其余细胞分为两份分别接入另两个 ϕ6cm 培养皿中进行培养。

（5）2～3d 后吸掉 1/3 体积的培养基，加入 1/3 体积的新鲜完全培养基，观察细胞生长状况。

培养基要提前预热到 37℃。

7.5.5　实验结果

NIH3T3 细胞接种至培养皿 12 h 后，细胞已基本贴壁。培养 24 h 后贴壁良好，形态呈梭状，此后，生长较快。当培养至第三天时，细胞铺满整个培养皿（图 7-3）。

293 细胞接种至培养皿 12 h 后，细胞并无完全贴壁，形态较小，呈圆形。培养 24 h 后，细胞伸展开，贴壁较牢，形态良好。当培养至第五天时，细胞铺满整个培养皿（图 7-4）。

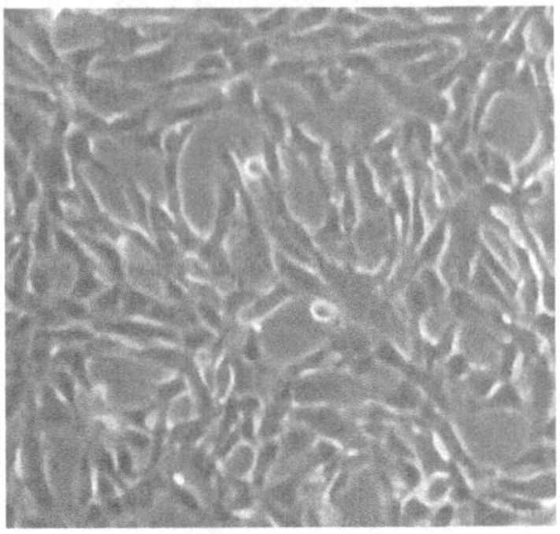

图 7-3　传代培养 3d 的 NIH3T3 细胞

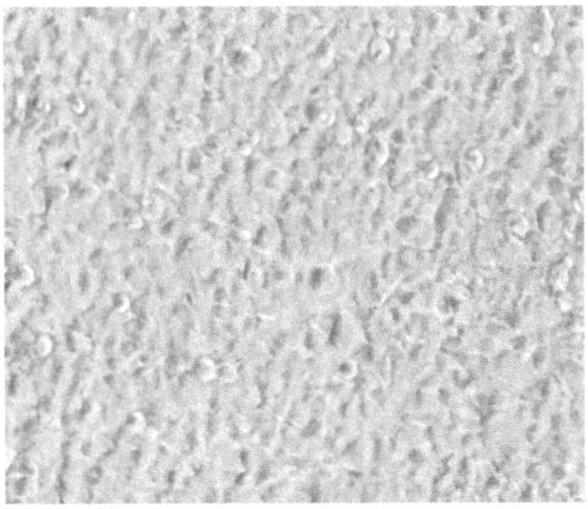

图 7-4　传代培养 3d 的 293 细胞

7.5.6　注意事项与建议

（1）不同细胞对消化液的敏感程度不同，可以通过调整消化时间和胰酶的浓度控制消化，但总体原则是消化过程中应注意培养细胞形态的变化，一旦胞质回缩，连接变松散，或有成片浮起的迹象就要立即终止消化。

（2）在消化后吹打细胞过程中，用移液器吸取液体时沿培养皿从左到右，从上到下依次轻轻吹打培养皿底壁，贴壁细胞就都被吹打下来，防止细胞丢失。

7.5.7 实验报告

记录细胞传代培养的流程、结果及分析。

7.5.8 思考题

（1）为什么含血清的培养基能够终止胰蛋白酶的消化？

（2）在细胞传代时，过度消化为什么对细胞有伤害？

7.6 动物细胞冻存与复苏

7.6.1 实验目的

了解体外培养细胞的液氮冻存与复苏技术。

7.6.2 实验原理

在细胞的长期传代培养过程中可能出现微生物污染或基因型改变等情况，导致具有优良特性细胞系的丢失。为防止这些细胞的丢失，可以将细胞快速冷冻并几乎无限期保存在非常低的温度下，如液氮中（－196℃）。然而，当温度低于0℃时，细胞内外的水分都会结冰，所形成的冰呈针状，会造成细胞膜和细胞器的严重损伤。因此，在冻存细胞时，要加入冷冻保护剂。常用的细胞冷冻保护剂为甘油和 DMSO（二甲基亚砜），其保护机制是，在细胞冷冻悬液完全凝固之前，甘油或 DMSO 渗透到细胞内，在细胞内外产生一定的物质的量浓度，降低细胞内外未结冰溶液中电解质的浓度，从而保护细胞免受高浓度电解质的损伤。同时，细胞内水分也不会过分外渗，避免了细胞过分脱水皱缩。甘油和 DMSO 并不防止细胞内结冰，在使用时，需要一定的时间进行预冷，让甘油或 DMSO 等成分渗透到细胞内，在细胞内外达到平衡以起到充分的保护作用。目前 DMSO 的应用较甘油更为广泛，但 DMSO 在常温下对细胞的毒性较大，而在 4℃时，其毒性大大减弱，且仍能以较快速度渗透到细胞内。所以，细胞冻存时

DMSO 平衡多在 4℃下进行。而复苏就是将细胞从低温取出，以快速升温的方法使细胞升到常温，然后继续培养，冻存的细胞经复苏后仍保持其正常的结构和功能。

7.6.3 实验准备

7.6.3.1 仪器设备

超净工作台，二氧化碳培养箱，水平吊桶离心机，倒置相差显微镜，水浴锅（37℃），无菌培养皿或培养瓶，移液枪，无菌吸头，废液缸，无菌 15mL 离心管，液氮冻存罐，血细胞计数板与盖玻片，4℃、－20℃和－80℃冰箱。

7.6.3.2 实验试剂

DMEM 高糖培养基、新生牛血清、0.25％胰蛋白酶、PBS 缓冲液、75％乙醇、台盼蓝溶液（0.4％溶解于 PBS）、DMSO。

DMSO 纯度应为试剂级等级，无菌且无色（以 0.22μm 微孔滤膜过滤或是直接购买无菌产品），以 5～10mL 小体积分装，4 ℃避光保存。

7.6.3.3 实验材料

生长良好的 NIH3T3 细胞、无菌离心管/培养瓶、2mL 冻存管、酒精棉球和擦镜纸。

7.6.4 实验步骤

7.6.4.1 细胞冻存

（1）紫外线照射细胞培养室和超净工作台至少 30min 灭菌。进入细胞培养室之前，用肥皂清洗双手，擦干并喷洒 75％乙醇，穿无菌服、戴无菌帽。把装有培养液、PBS 液的离心管放入 37℃水浴锅内预热 15～20min。

（2）冻存液的配制：在 15mL 离心管中，将新鲜 DMEM 高糖培养基、新生牛血清、DMSO 按 7∶2∶1 的比例混合，混匀后置于 4℃冰箱中。

（3）冷冻前一日更换半量或全量培养基，观察细胞生长情形。将细胞密度达 80％以上的 NIH3T3 细胞从二氧化碳培养箱中取出，在超净工作台中将培养液吸出，用预热的 PBS 洗涤两次，每次加 1mL，吸掉 PBS 后，加入经 PBS 稀释的胰蛋白酶，在37℃培养箱中静置孵育1min。

> 欲冷冻保存的细胞应处于对数生长期且存活率高的状态。
> 加入胰蛋白酶的体积以液面盖住细胞为宜。

(4) 在倒置镜下观察被消化的细胞，如果细胞收缩，并且边缘变亮，相互之间不再连接成片，在超净工作台中将消化液吸掉，加入1mL新鲜含血清培养液，轻轻吹打，使细胞脱壁，制备单细胞悬液，然后吸到15mL离心管中。

(5) 以25μL台盼蓝溶液稀释25μL细胞悬液；用血细胞计数板计数并计算细胞存活率（至少应该在90%以上），计算细胞总数。

> 血细胞计数板和盖玻片应提前用酒精棉球和擦镜纸擦干净。

(6) 将上述15mL离心管进行配平，低速800～1000r/min离心5min，在超净工作台中将上清吸掉，加入1mL的冷冻保护液，使细胞密度为1×10^6～1×10^7个/mL，然后轻轻吹打，将沉淀重悬，移至2mL冻存管中，盖紧盖子，并在管子上标注细胞名、代数、时间及操作人。

> 冷冻保护液最好提前配制，因为DMSO在稀释时会释放出大量的热量，对细胞造成损伤。

(7) 分级冷冻：先将冻存管放入4℃冰箱中约20min；将冻存管置于冰箱冷冻室（－20℃）约30min；用绳子将冻存管置于液氮罐的液氮的气液相间放置过夜；最后将冻存管放置于液氮内的盒子中，可以长久保存。

> 在将细胞冻存管投入液氮时，动作要小心、轻巧，以免液氮从液氮罐内溅出。若液氮溅出，可能对皮肤造成冻伤。操作过程中最好戴防冻手套、面罩，穿工作衣。

(8) 在记录本上做好冻存记录，记录内容包括冻存日期、细胞名、冻存管数、冻存过程中降温的情况、冻存位置及操作人员。

7.6.4.2 细胞复苏

(1) 将培养基置于37℃水浴锅中回温，回温后喷以75%乙醇并擦干，移入无菌操作台内。

(2) 将细胞冻存管从液氮中取中，用镊子夹住放入37℃水浴锅中，水不要没过盖子，快速来回晃动，在1～2min内将细胞解冻，以75%乙醇擦拭冷冻管外部，移入无菌操作台内。然后在超净工作台中打开盖子，将管内细胞液移入到15mL 离心管中，然后往离心管中慢慢滴加 10mL 无血清 DMEM 高糖培养基，在 2～3min 内完成，轻轻吹打管子底下，使底部细胞液悬浮起来。

取出冻存管时，勿将管口对人，以防止管子盖得不严，造成液氮气化时将管子炸开。

回温速度过慢时，细胞内往往重新形成较大冰晶而造成细胞损伤。回温时造成的细胞损伤非常快，往往在极短的时间内发生。

无血清 DMEM 高糖培养基滴加速度要缓慢，如果滴加速度过快，则在细胞内外渗透压改变太快，造成细胞膜的损伤，影响细胞的活力。

(3) 将上述细胞悬液 800～1000r/min 离心 5min，在超净工作台中吸掉上清，加入 1mL 新鲜含血清培养基重悬沉淀，将细胞悬液移至一个新的 ϕ6cm 培养皿中，再补加 2mL 培养基，来回轻轻晃动培养皿，使细胞分布均匀，移至二氧化碳培养箱中进行培养。

(4) 24h 后，将培养皿从二氧化碳培养箱中取出，吸掉培养基，加入 2mL PBS，轻轻摇晃，吸出，重复一次，加入 3mL 新鲜培养基，送回二氧化碳培养箱中继续培养。

许多冷冻保护剂，如 DMSO，在低温下能保护细胞，但在常温下却对细胞有害，因此在细胞复温后应及时洗涤冷冻保护剂。

(5) 用倒置显微镜检查细胞存活率及细胞密度，如果细胞密度过高，应及时进行传代。

7.6.5 注意事项与建议

(1) 冷冻前及复苏细胞操作均应尽量快速，延长暴露在 DMSO 中的时间对细胞有害，而低温冻存过程需要逐步降低温度。

(2) 严格遵守液氮操作规则（即戴上合适的手套和护目镜），液氮对眼睛极为有害。

(3) 自液氮或干冰容器中取出冷冻管，检查盖子是否旋紧，由于热胀冷缩过程此时盖子易松掉。

(4) 细胞活化后，约需数日，或继代一至二代，其细胞生长或特性表现才会恢复正常。

7.6.6 实验报告

记录细胞冻存和复苏流程、结果及分析。

7.6.7 思考题

(1) 为什么细胞在对数生长期冻存效果最好?

(2) 在细胞复苏时为什么 24h 后要换液?

7.7 磷酸钙沉淀法介导细胞转染

7.7.1 实验目的

(1) 了解细胞转染技术的原理和方法。

(2) 掌握磷酸钙沉淀法的技术要点。

7.7.2 实验原理

哺乳动物细胞基因转染，是指将外源基因采用分子生物学技术人工地导入细胞，观察它在细胞中的表达，是研究基因表达和功能的重要手段。磷酸钙沉淀法是一种常用的转染方法，最初由 Graham 和 Van der Ebb 建立，它是基于磷酸钙形成 DNA 复合物而将 DNA 导入真核细胞的转染方法。首先将氯化钙、DNA 和磷酸缓冲液混合，形成包含 DNA、极小且不溶的磷酸钙颗粒，然后磷酸钙-DNA 复合物黏附到细胞膜并通过胞饮作用进入靶细胞。被转染的 DNA 在细胞内转录因子作用下开始基因的表达。这种方法广泛用于转染不同类型的细胞，不但适用于基因的瞬时表达，转染的 DNA 也可以整合到靶细胞的染色体中长久表达。

7.7.3 实验准备

7.7.3.1 仪器设备

超净工作台、二氧化碳培养箱、水平吊桶离心机、倒置相差显微镜、水浴锅(37℃)、无菌培养皿或培养瓶、移液枪、无菌吸头、无菌 15mL 离心管、血细胞计数板、计时器、记号笔。

7.7.3.2　实验材料

293GP 细胞、经乙醇沉淀纯化的无内毒素的质粒 DNA（pcDNA3.1-EGFP）。

293GP 细胞是稳定转染了 *gag* 和 *pol* 基因的人胚肾细胞系。

乙醇沉淀的目的是去菌和提高质粒的浓度，如果浓度太低，会降低转染效率。

内毒素是革兰氏阴性菌的细胞壁的产物。细菌在生活状态时不释放它，只有当细菌死亡自溶或黏附在其他细胞时，它才表现其毒性。内毒素的主要化学成分是脂多糖中的类脂 A 成分，因此转染用的质粒 DNA 的提取要用去内毒素的质粒提取试剂盒。

7.7.3.3　实验试剂

正常细胞完全培养基、无双抗完全培养基、PBS 缓冲液、75%乙醇、氯化钠、磷酸氢二钠、HEPES、氯化钙。

7.7.3.4　溶液配制

2×HBS：氯化钠 16.3g、磷酸氢二钠 0.214g、氯化钾 0.74g、葡萄糖 2.4g、4-羟乙基哌嗪乙磺酸（HEPES）10g（溶于 800mL 超纯水中，调节 pH 至 7.05，定容至 1L，0.22μm 滤器过滤）。

2.5mol/L 氯化钙：二水氯化钙（相对分子质量 147.014）36.75g 溶解于 100mL 超纯水中。

7.7.4　实验方法

（1）紫外线照射细胞培养室和超净工作台至少 30min 灭菌。进入细胞培养室之前，用肥皂清洗双手，擦干并喷洒 75%乙醇，穿无菌服、戴无菌帽。把装有培养液、PBS 液的离心管放入 37℃水浴锅内预热 15～20min。

（2）293GP 细胞在转染前 24h 传代，将 1×10^4 个细胞接种至 24 孔板，待细胞密度达 50%～60%时即可进行转染。

细胞处于这种密度时转染效率最高，细胞密度如果低于 30%，转染时会对细胞造成比较大的伤害。

(3) 将无双抗完全培养基放进37℃水浴锅中进行预热。

(4) 加入沉淀前1～2h，将培养板内的培养基小心吸出，避免吸头刮下细胞。吸取0.5mL新鲜不含抗生素的完全培养基，轻轻加入培养孔中，因为293GP细胞贴壁不牢，如果用力过猛，会把细胞吹起。

当磷酸钙同细胞膜结合后，胞吞作用增加细胞的通透性，使抗生素可以进入细胞，这降低了细胞的活性，导致转染效率低。

(5) 吸取50μL 2.5mol/L $CaCl_2$，加至标注好的1.5mL离心管中，然后将2μL (0.5μg/μL) 质粒pcDNA3.1-EGFP加至$CaCl_2$中，轻轻吹打混匀使之成为DNA-$CaCl_2$溶液。

(6) 吸取50μL 2×HBS，加至另一个标注好的1.5mL离心管中，然后往管中逐滴加入DNA-$CaCl_2$溶液，直至DNA-$CaCl_2$溶液滴完，滴加过程持续2min左右，然后向混合液中轻轻吹气泡，使液体混匀，静置15～20min，会形成细小的沉淀颗粒。

吹打气泡使形成的沉淀物极小，利于其进入细胞。

(7) 将100μL沉淀逐滴均匀加入提前换液的24孔板的一个孔细胞中，轻轻晃动以使沉淀分布均匀。将培养板送回培养箱中，培养6h，除去培养液，加入0.5mL不含抗生素的完全培养基。

(8) 24h后可在荧光显微镜中观察绿色荧光蛋白的表达，先在可见光下，找到细胞，调好视野，然后转到荧光挡。

观察荧光前，要关闭细胞培养室的可见光。

7.7.5 实验结果

转染后12h，在荧光显微镜下，观察不到绿色荧光的表达；转染后18h，有部分细胞开始表达绿色荧光，荧光信号不强；转染后24h，80%的细胞表达绿色荧光，荧光信号较强；48h信号最强，此后荧光逐渐衰退（图7-5）。

7.7.6 注意事项与建议

(1) 整个转染过程要严格遵守无菌操作。

(2) 2×HEPES的pH准确调节为6.95～7.05对于转染效果非常重要。

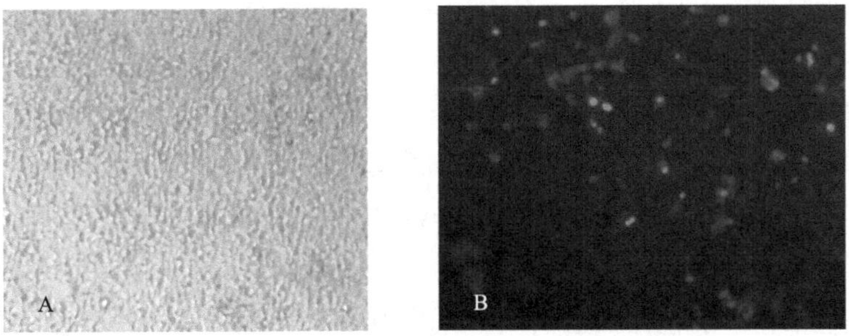

图 7-5　转染后 48 h 可见光（A）和荧光下（B）观察 293GP 细胞（100×）

（3）氯化钙等试剂为细胞培养测试后的试剂。

（4）磷酸钙与 DNA 形成的沉淀物的大小和质量对于磷酸钙转染的成功至关重要。实验中用到的试剂要小心校准，尤其是 pH，即使偏离最优条件的 1/10 都有可能导致转染的失败。

7.7.7　实验报告

磷酸钙法转染细胞的流程、转染结果及分析。

7.7.8　思考题

（1）如何提高细胞转染的效率？

（2）可以利用磷酸钙转染法获得稳定过表达外源基因的细胞吗？

7.8　小鼠骨髓间充质干细胞分离培养

7.8.1　实验目的

（1）了解小鼠骨髓间充质干细胞的分离原理。

（2）掌握小鼠骨髓间充质干细胞分离的贴壁筛选法。

7.8.2　实验原理

小鼠骨髓基质中存在的间充质干细胞（mesenchymal stem cell，MSC）是一种除造血干细胞以外，具有多向分化潜能的干细胞，可以向骨、软骨、肌肉、皮肤、脂肪等多种细胞类型分化。骨髓间充质干细胞具有易在体外培养、诱导和扩增及免疫原性低等特性，被认为在基因治疗、细胞治疗、组织工程等领域具有广泛的临床应用前景。

从骨髓中分离 MSC 的方案主要有：①根据骨髓 MSC 的底物黏附特性来实现分离的贴壁筛选法；②根据 MSC 与其他细胞密度不同来分离的密度梯度离心法；③根据细胞大小不同或者根据细胞表面的一些特殊标志来分离的流式细胞仪分选法。

本实验根据干细胞在低血清培养基中有贴壁优势，定期换液去除不贴壁细胞，从而达到纯化及扩增 MSC 的目的。

7.8.3 实验准备

7.8.3.1 仪器设备

超净工作台、二氧化碳培养箱、水平吊桶离心机、倒置相差显微镜、水浴锅（37℃）、无菌培养皿或培养瓶、移液枪、无菌吸头、无菌 15mL 离心管、血细胞计数板、计时器、记号笔。

7.8.3.2 实验试剂

含 10%FBS 的 DMEM/F12 完全培养基、PBS 缓冲液、75%乙醇。

7.8.3.3 实验材料

健康 4 周龄 BALB/c 品系小鼠、ϕ10 cm 培养皿。

7.8.4 实验方法

（1）紫外线照射细胞培养室和超净工作台至少 30min 灭菌。进入细胞培养室之前，用肥皂清洗双手，擦干并喷洒 75%乙醇，穿无菌服、戴无菌帽。把装有培养液、PBS 液的离心管放入 37℃水浴锅内预热 15～20min。

（2）生长培养基的配制：在 50mL 离心管中配制 40mL DMEM/F12 完全生长培养基，添加 10%新生牛血清、谷氨酰胺（终浓度 2mmol/L）、青霉素和链霉素（终浓度分别为 100U/mL 和 100U/mL）。

首先向 50mL 离心管中加入 4mL 新生牛血清、400μL 200mmol/L 谷氨酰胺、400μL 双抗，然后加入 35.2mL DMEM/F12 培养基，混匀。

（3）健康 4 周龄 BALB/c 雌性小鼠，颈椎脱臼法处死，75%乙醇浸泡 5min。

小鼠处死后在消毒乙醇中浸泡时间不能太短，否则起不到消毒作用，也不能时间太长，时间长乙醇经口鼻及肛门进入体内，影响细胞培养效果。

（4）取出小鼠，移入细胞培养室内，置于超净工作台上，无菌条件下取出股骨和胫骨，两端剪断暴露骨髓腔。用 2.5mL 注射器以 DMEM/F12 培养基冲出骨髓，然后将股骨和胫骨夹碎，以培养基反复冲洗，将冲洗液收集至无菌离心管中，制备细胞悬液。

为了避免冲起许多气泡，应缓慢冲，冲洗的次数不应太多。

（5）用血细胞计数板对细胞悬液进行计数，细胞计数后用含 10%胎牛血清的 DMEM/F12 完全培养基重悬细胞，调整细胞浓度至有核细胞 5×10^6 个/mL，以 2×10^6 个/cm^2 密度接种至 ϕ10 cm 培养皿中，置于 37 ℃、5% CO_2 饱和湿度培养箱中培养。

细胞不用离心，直接接种在培养皿里。

（6）72 h 后首次全部换液去除未贴壁细胞，此时贴壁生长的 MSC 数量较少，分散存在，呈稍扁的梭形。以后每 3d 全量换液，随着 MSC 的迅速扩增，十多天以后有较大的细胞克隆生长出来。

（7）等细胞克隆 80%～90%融合时传代，吸出培养基，以 PBS 缓冲液洗 2 次，以 0.25%胰酶消化 2～3min，用完全培养基终止消化后，1000r/min 离心 5min，弃上清后用全培养液重新悬浮细胞，以 1∶2 的比例接种于 ϕ10 cm 培养皿中扩增培养，置于 37℃、5% CO_2 饱和湿度培养箱中培养。

7.8.5　实验结果

骨髓间充质干细胞体积较小，呈梭形或多角形，核质比大。高密度时细胞通常平行排列或漩涡状生长。

7.8.6　注意事项与建议

（1）原代或传代细胞中如观察到少量成片杂细胞，可直接镜下瓶底标记后，在超净工作台里用吸管尖端机械刮除，吸出去掉。

（2）在细胞生长至密度较高时换液要轻柔，不要将液体直接吹向细胞，防止细胞漂起。

7.8.7 实验报告

记录骨髓间充质干细胞的分离培养流程、结果及分析。

7.8.8 思考题

(1) 骨髓间充质干细胞有何特点？如何鉴定骨髓间充质干细胞?

(2) 在骨髓间充质干细胞培养中如何去除杂细胞?

主要参考文献

安利国. 2009. 细胞工程. 2版. 北京：科学出版社

陈文源，吕一婷. 2009. 药用植物细胞悬浮培养与新药研发进展. 亚热带植物科学，38（4）：85-88

鄂征. 2001. 组织培养和分子细胞学技术. 北京：北京出版社

关春梅，张宪省. 2006. 植物离体器官发生控制机理研究进展. 植物学通报，2（5）：595-602

郭学民，徐兴友，王同坤，等. 2005. 植物细胞融合的研究进展. 河北科技师范学院学报，91（1）：65-69

郭仰东，陈利萍，张喜春. 2009. 植物细胞组织培养实验教程. 北京：中国农业大学出版社

郭勇，崔唐兵，谢秀祯. 2004. 植物细胞培养技术与应用. 北京：化学工业出版社

韩振海，陈昆松. 2006. 实验园艺学. 北京：高等教育出版社

贺立红，张进标，宾金华. 2006. 苯丙氨酸解氨酶的研究进展. 食品科技，7：31-34

贾彩凤，李悦，瞿超. 2004. 木本植物体细胞胚胎发生技术. 中国生物工程杂志，24（3）：26-29

李昌功. 1997. 被子植物配子-体细胞杂交研究进展与展望. 武汉植物学研究，15（3）：269-273

李建民，李喜文，李福安，等. 2004. 龙牙楤木组织培养与不定芽再生植株. 青海师范大学学报，4：69-72

梁红，王起华. 2005. 植物种植的玻璃化超低温保存. 细胞生物学杂质，27：43-45

卢新雄. 2006. 植物种质资源库的设计与建设要求. 植物学通报，23（1）：119-125

吕波，刘俊，徐郎莱. 2000. 小麦叶片中 H_2O_2 的3种测定方法比较. 南京农业大学学报，23（2）：101-104

罗立新. 2004. 细胞融合技术与应用. 北京：化学工业出版社

苗雨晨，董发才，宋纯鹏. 2001. 过氧化氢——植物体内的一种信号. 生物学杂志，18（2）：4-6

欧阳藩，曹竹安. 1995. 动植物细胞培养. 化学进展，3：182-192

潘瑞炽. 2001. 植物组织培养. 广州：广东高等教育出版社

朴炫春，廉美兰，王守明. 2007. 利用生物反应器大量生产人参不定根. 林业科技，32（6）：54-56

沈海龙. 2005. 植物组织培养. 北京：中国林业出版社

石俊英，牟彩萍，向凤宁，等. 2003. 西洋参和胡萝卜体细胞融合培养杂种鉴定及愈伤组织中人参苷 Rb1 含量分析. 山东中医药大学学报，27（6）：448-451

王凯基，倪德祥. 1998. 植物生物学词典. 上海：上海科技教育出版社

王孝平，邢树礼. 2009. 考马斯亮蓝法测定蛋白含量的研究. 天津化工，23（3）：40-42

王艳军，李锡香，向长萍，等. 2005. 大蒜茎尖玻璃化法超低温保存技术研究. 园艺学报，32（3）：507 509

谢从华，柳俊. 2004. 植物细胞工程. 北京：高等教育出版社

徐文锦，刘湘，宁勇. 2008. 植物原生质体融合技术的研究进展. 湖北中医学院学报，10（1）：46-48

杨育红，张文辉. 2006. 沙枣组织脱分化培养与快繁体系建立的研究. 植物研究，26（4）：435-441

臧新，梅兴国，龚伟，等. 2002. 中国红豆杉悬浮培养细胞的超低温保存. 生物技术，2：13-14

詹亚光，杨传平. 2002. 白桦愈伤组织的高效诱导和不定芽分化. 植物生理学通讯 ，38（2）：4

张小莉，王鹏程，宋纯鹏. 2009. 植物细胞过氧化氢的测定方法. 植物学报，44（1）：103-106

朱至清. 2003. 植物细胞工程. 北京：化学工业出版社

Bonga J M. 1988. 树木组织培养. 阙国宁，郭达初，李金田译. 北京：中国林业出版社

Ferguson I B，Watkins C B，Harman J E. 1983. Inhibition by calcium of senescence of detached cucumber cotyledons. Plant Physiol，71：182-186

Patterson B D，Macrea E A，Ferguson I B. 1984. Estimation of hydrogen peroxide in plant extracts using titanium（Ⅳ）. Analytical Biochemistry，139：487-492

Tulecke W，Nickell L G. 1959. Production of large amounts of plant tissue by submerge culture. Sci，130：863-864

Wang Y，Chen J Y，Jiang Y M，et al. 2007. Cloning and expression analysis of phenylalanine ammonia-lyase in relation to chilling tolerance in harvested banana fruit. Postharvest Biology and Technology，44：34-41

附　　录

附录1　细胞培养中常用的术语

植物细胞培养（cell culture）：在离体条件下，将愈伤组织或其他易分散的组织置于液体培养基中进行振荡培养，得到分散成游离的悬浮细胞，通过继代培养使细胞增殖，从而获得大量细胞群体的一种技术。

动物细胞培养（animal cell culture）：在体外无菌条件下，模拟体内正常生理状态下的基本条件和环境，分离培养机体组织细胞或建立细胞系，并使得细胞在体外培养容器中长期生长或繁殖的方法。

器官培养（organ culture）：将部分或整体器官在不损伤正常组织结构的条件下进行的培养，即仍保持组织的三维结构，并模仿在各种状态下的器官功能。培养器官包括根尖、茎尖、叶原基、花器各部分原基及未成熟果实、幼胚。

茎尖培养（stem tip culture）：把茎尖的分生组织或包括有此分生组织的茎尖分离进行无菌培养的方法。通常用1～10mm大小的外植体来加速植物的无性系繁殖。

悬浮培养（suspension culture）：细胞在培养液中呈悬浮状态生长与增殖的培养技术。由于细胞还没有达到形成一个组织的水平，故有时亦称之为细胞培养。

细胞的全能性（cell totipotency）：在离体培养下，植物的体细胞或性细胞被诱导发生器官分化和再分化，成为具有与母体植株相同遗传信息的植株能力。

外植体（explant）：把由活植物体上切取下来以进行培养的那部分组织或器官，称为外植体。

愈伤组织（callus）：原指植物体受伤时产生于伤口周围的组织。现指由植物各种器官的外植体增殖而形成的一种无特定结构和功能的细胞团。

继代培养（secondary culture）：对来自于外植体所增殖的培养物（包括细胞、组织或其切段），通过更换新鲜培养基及不断切割或分离，进行连续多代的培养，就称为继代培养。按照类似的方式，外植体可以经过连续多代的培养。

无性系繁殖（clonal propagation）：由同一个外植体反复进行继代培养后所得一系列的无性繁殖后代，即无性系繁殖。在细胞培养中，由单细胞形成的无性系则可称之为“单细胞无性系”。

器官发生（organogenesis）：亦称器官形成，一般指脊椎动物个体发育中，由器官原基演变为器官的过程。在植物组织培养或悬浮培养中，器官发生由培养物到显示有自然的器官形成，如形成芽或形成根的现象。

胚状体（embryoid）：在植物细胞、组织或器官体外培养过程中，由一个或一些体细胞经过胚胎发生和发育过程，形成的与合子胚相类似的结构。其可进一步发育成植株。动物中，通过人工胚泡移植手术产生可使其产生具有胚层结构的小体。

分化（differentiation）：细胞在结构和功能上发生差异的过程称为分化。它可导致细胞或组织形成不同结构并引起功能或潜在发育方式的改变。

脱分化（dedifferentiation）：脱分化又称去分化，是指分化细胞失去特有的结构和功能变为具有未分化细胞特性的过程。在动物中，去分化细胞具有胚胎间质细胞的功能。在植物中，去分化细胞成为薄壁细胞，称为愈伤组织（callus）。去分化往往随之又发生再分化（redifferentiation）。

再分化（redifferentiation）：已经去分化形成的胚性细胞在某些刺激条件下（如创面神经组织分泌的成纤维细胞生长因子诱导，以及创面产生的生物电流刺激等），重新启动开始分化发育的过程。在植物中，已经脱分化的细胞在一定条件下，又可经过愈伤组织或胚状体，再分化出根和芽，形成完整植株，这一过程叫做再分化。

细胞系、细胞株（cell line、cell strain）：由外植体培养产生的细胞群称为细胞系。细胞系经过选择培养而具有特异性或标志性的细胞，称为细胞株。

附录 2　实验室规章制度与规范

1. 实验室安全防火管理制度

实验室是进行教学、科研工作的重要基地，进行实验室工作的所有人员必须牢固树立“安全第一”的思想，做到“安全工作，人人有责”。初次上岗操作的教职工、学生及外来人员，必须先接受安全教育，了解有关的安全规章制度，在掌握必要的安全操作知识后，方可动手操作。实验室配有灭火器，在实验室的工作人员及学生都必须会使用。

实验室内不准私接乱拉电线，一切易燃、易爆物品都应与火源、电源保持一定距离，不得随意堆放。消防器材要放置在便于取用的明显位置，做到会使用，会报警，熟记火警电话 119。

实验室按规定可存放少量的危险品，特殊情况需要大量存放时，必须由实验室提出书面申请，经主管实验室的学院院长同意后，报学校主管部门批准后方可存放。危险品的存放要实行专物专柜，双人双锁保管。易燃、易爆品严禁放入电热干燥箱、烘箱内。

2. 实验室仪器设备管理制度

教学、科研仪器设备是学校固定资产中的重要组成部分。仪器设备要建立严格的实物验收和技术验收制度。进口仪器设备要在索赔期内完成验收工作的各项事宜，对数量短缺，质量不合格的仪器设备要及时提出索赔报告，协助设备科完成索赔工作。要加强仪器设备的技术资料管理和维修保养工作。一般仪器设备的维修与保养要做到经常、及时、定期检测，防止障碍性事故的发生。

大型精密、贵重仪器设备的购买，必须提出可行性报告，经学院主任签署意见、设备科审核，报主管校长批准，由设备科会同使用单位组织订购。订购前要落实仪器设备任务、经费、房屋及其安装条件、使用维修管理技术人员。大型精密、贵重仪器必须选派业务能力较强的教师和实验技术人员负责管理和指导使用。要根据技术使用说明书的要求，制定出简明扼要的操作规程，切实严格执行。因违反操作规程而造成事故者，视情节轻重给予纪律处分或罚款。教师、学生需要上机时，必须经过培训，考核合格方可上机操作，并服从管理人员的指导及有关规定。大型仪器设备使用时必须做好使用记录，定期统计使用情况，以掌握、了解、考核仪器设备利用率。仪器设备要定期检查、维护与保养，力争保持原有精度，使仪器设备经常处于完好可用状态，发生故障时应及时填写事故报告，上报学院主管领导和学校设备科组织检查，并采取措施尽快修复。

3. 实验教学物品管理办法

教学物品包括教学（实验）、科学研究方面使用的低值物品，不属于固定资产范畴的物资。

材料：指金属、非金属的各种原材料、燃料、试剂等。

低值品：指凡不够国家固定资产标准，又不属于材料范围的用具，如低值仪器仪表，工具、量具、科教器具等。

易耗品：指玻璃品、元件、零配件、实验小动物等。

物品入库前必须及时认真组织验收，办理入库手续。填写入库凭证，连同实物交仓库保管人员。验收人员须认真清点。并严格把好质量关。经手人和验收人在入库凭证和发货票上签字，再经主管领导签字后进行登账，方可向财务部门报销。

物品入库后，保管人员根据有关凭证及时登记，及时进行增减记录（包括品名、数量、单价等）。库房物品的保管应该科学化，做到定位存放、存放有序、零整分开、账物对号，便于收发和检查。危险品的管理要由专人负责，严格实行分类存放、定期检查制度，防止因变质、分解造成的自燃，爆炸等事故，要切实保障人身、财产的安全。剧毒、易燃及放射性等危险品的领用必须由学院领导签字，设备科同意后方可发放；在使用过程中实验室及学院负责人应予以严格控制和监督。对其领用、消耗、剩余、报废进行精确计算和详细记录，剩余及时返回仓库。对剧毒品的容器、废液、残渣等及时妥善处理，严禁乱扔。对备用物品和民用性较强的物品，各使用单位应设立明细账，加强管理。保管人员对账（卡）和凭证单据，必须妥善保管，不得丢失或任意涂改，并在年终写出本年度教学物品收支综合报告。

4. 学生实验守则

学生进入实验室必须遵守实验室的一切规章制度，必须保持安静，不准高声谈笑，不准吸烟，不准随地吐痰，不准乱抛纸屑、杂物。不准动用与本次实验无关的仪器、设备和室内其他设施。一切准备工作就绪后必须经指导教师同意，方可使用仪器设备进行实验。实验中要注意安全，使用仪器设备要遵守操作规程，尽量节约水、电、煤气和其他消耗材料。实验过程中出现事故时要保持镇静，迅速采取措施（如切断电源、煤气气源等），防止事故扩大，并注意保护现场，及时向指导教师报告。实验后，必须将使用的仪器、设备、工具、实验场地等清理好，经指导教师及实验教学辅助人员验收同意后方可离开实验室。

凡损坏设备、仪器、器皿、工具者，应主动说明原因并接受检查，指导教师根据具体情节进行处理。违反操作规程或擅自动用其他仪器、设备，造成损坏者，由事故人作出书面检查，视情况赔偿部分或全部损失。

附录 3　常用缓冲液和洗液的配制方法

1. 磷酸缓冲液

Na_2HPO_4-NaH_2PO_4 缓冲液（0.2mol/L）见附表 1。

附表 1　磷酸缓冲液配方

pH	0.2mol/L Na_2HPO_4 溶液/mL	0.2mol/L NaH_2PO_4 溶液/mL
5.8	8.0	92.0
5.9	10.0	90.0
6.0	12.3	87.7
6.1	15.0	85.0
6.2	18.5	81.5
6.3	22.5	77.5
6.4	26.5	73.5
6.5	31.5	68.5
6.6	37.5	62.5
6.7	43.5	56.5
6.8	49.0	51.0
6.9	55.0	45.0
7.0	61.0	39.0
7.1	67.0	33.0
7.2	72.0	28.0
7.3	77.0	23.0
7.4	81.0	19.0
7.5	84.0	16.0
7.6	87.0	13.0
7.7	89.5	10.5
7.8	91.5	8.5
7.9	93.5	7.5
8.0	94.7	5.3

$Na_2HPO_4 \cdot 2H_2O$：M_w=178.05，0.2mol/L 溶液为 35.61g/L；

$Na_2HPO_4 \cdot 12H_2O$：M_w=358.22，0.2mol/L 溶液为 71.64g/L；

$NaH_2PO_4 \cdot 2H_2O$：M_w=156.03，0.2mol/L 溶液为 31.21g/L；

$NaH_2PO_4 \cdot H_2O$：M_w=138.01，0.2mol/L 溶液为 27.6g/L。

2. 清洁液（附表 2）

附表 2　清洁液配方

配方成分	常用配方	弱液	次强液	强液
重铬酸钾/g	100	50	100	60
清水/mL	800	1000	1000	200
浓硫酸/mL	200	90	160	800
硫酸浓度/(V/V)	20%	8%	14%	80%

在配制时先在搪瓷盆中加入蒸馏水，加热溶解重铬酸钾，再将盆置流动自来水中，待重铬酸钾液冷却后，缓慢加入浓硫酸，边加边用玻棒搅动，以使混合液温度不过快上升和不出现重铬酸钾结晶。

3. 次氯酸钠消毒溶液

安替福民为次氯酸钠溶液，有效氯含量为 10%，使用时稀释 3～5 倍，浸泡器皿即可。

4. 5%稀盐酸洗液

如果使用 36%的浓盐酸（盐酸与水的质量比是 5∶31）配制 1L 5%稀盐酸洗液需要 138.88mL 36%的浓盐酸，加入 861.02mL 蒸馏水。配制更大体积的稀酸按比例扩大即可。

5. CPW 缓冲液配方

原生质体操作需要在一定渗透压存在下进行，常用于配制分离原生质体酶液及洗涤原生质体的溶液为 CPW 液，CPW（pH 5.8）盐成分见附表 3。

附表 3　CPW（pH 5.8）**盐成分**

成分	浓度/(mg/L)
KH_2PO_4	27.2
KNO_3	101.0
$CaCl_2 \cdot 2H_2O$	1480.0
$MgSO_4 \cdot 7H_2O$	246.0
KI	0.16
$CuSO_4 \cdot 5H_2O$	0.025

附录 4　常用培养基配方

1. MS 培养基配方（附表 4）

附表 4　MS 培养基配方

	成分	相对分子质量	使用浓度/(mg/L)
大量元素	硝酸钾（KNO_3）	101.11	1900
	硝酸铵（NH_4NO_3）	80.04	1650
	磷酸二氢钾（KH_2PO_4）	136.09	170
	硫酸镁（$MgSO_4 \cdot 7H_2O$）	246.47	370
	氯化钙（$CaCl_2 \cdot 2H_2O$）	147.02	440
	碘化钾（KI）	166.01	0.83
	硼酸（H_3BO_3）	61.83	6.2
	硫酸锰（$MnSO_4 \cdot 4H_2O$）	223.01	22.3
微量元素	硫酸锌（$ZnSO_4 \cdot 7H_2O$）	287.54	8.6
	钼酸钠（$Na_2MoO_4 \cdot 2H_2O$）	241.95	0.25
	硫酸铜（$CuSO_4 \cdot 5H_2O$）	249.68	0.025
	氯化钴（$CoCl_2 \cdot 6H_2O$）	237.93	0.025
铁盐	乙二胺四乙酸二钠（Na_2EDTA）	372.25	37.3
	硫酸亚铁（$FeSO_4 \cdot 7H_2O$）	278.03	27.8
肌醇	肌醇		100
甘氨酸	甘氨酸		2
有机成分	盐酸硫胺素（VB_1）		0.1
	盐酸吡哆醇（VB_6）		0.5
	烟酸（VB_5 或 VPP）		0.5
蔗糖	蔗糖（sucrose）	342.31	30g/L

2. B5 培养基的组成和配方（附表 5）

附表 5　B5 培养基的组成和配方

	组成成分	使用浓度/(mg/L)
大量元素	硝酸钾（KNO_3）	2500
	氯化钙（$CaCl_2 \cdot 2H_2O$）	150
	硫酸镁（$MgSO_4 \cdot 7H_2O$）	250
	硫酸铵［$(NH_4)_2SO_4$］	134

续表

	组成成分	使用浓度/(mg/L)
大量元素	碘化钾（KI）	0.75
	硼酸（H_3BO_4）	3.0
	硫酸锰（$MnSO_4 \cdot 4H_2O$）	10
微量元素	硫酸锌（$ZnSO_4 \cdot 7H_2O$）	2.0
	钼酸钠（$Na_2MoO_4 \cdot 2H_2O$）	0.25
	氯化钴（$CoCl_2 \cdot 6H_2O$）	0.025
	硫酸铜（$CuSO_4 \cdot 5H_2O$）	0.025
铁盐	乙二胺四乙酸二钠（Na_2EDTA）	37.3
	硫酸亚铁（$FeSO_4 \cdot 7H_2O$）	27.8
肌醇	肌醇	100
烟酸	烟酸	1.0
有机成分	盐酸吡哆醇	1.0
	盐酸硫铵	10

3. N6 培养基配方（附表 6）

附表 6　N6 培养基配方

	组成成分	使用浓度/(mg/L)
大量元素	硝酸钾（KNO_3）	2830
	硫酸铵（NH_4SO_4）	463
	氯化钙（$CaCl_2 \cdot 2H_2O$）	166
	硫酸镁（$MgSO_4 \cdot 7H_2O$）	185
	磷酸二氢钾（KH_2PO_4）	400
	硫酸亚铁（$FeSO_4 \cdot 7H_2O$）	27.8
	硫酸锰（$MnS0_4 \cdot 4H_2O$）	4.4
微量元素	硫酸锌（$ZnSO_4 \cdot 7H_2O$）	1.6
	硼酸（H_2BO_3）	0.8
	碘化钾（KI）	1.6
有机成分	甘氨酸	2
	烟酸	0.5
	盐酸硫胺素（VB_1）	1.0
	盐酸吡哆素（VB_6）	0.5

附录5　细胞筛孔径与目数换算表（附表7）

细胞筛的目数是指孔的数量，即每平方英寸上的孔数目。目前目数存在美国标准、英国标准和日本标准三种，其中英国和美国的相近，日本的差别较大。我国使用的是美国标准。计算公式为目数×孔径（微米数）＝15000，如400目的细胞筛孔径为38μm左右；500目的细胞筛孔径为30μm左右。

附表7　细胞筛孔径与目数换算表

目	孔径/μm	目	孔径/μm
2	8000	160	96
4	4750	170	90
6	3350	180	80
8	2360	200	75
10	1700	250	58
20	830	300	48
30	550	325	45
40	380	350	41
50	270	400	38
60	250	500	25
70	212	600	23
80	180	800	18
90	160	1000	13
100	150	1340	10
120	120	2000	6.5
130	113	5000	2.6
140	109	8000	1.6
150	106	10000	1.3

附录 6　常用植物生长调节剂缩写及中英文对照（附表 8）

附表 8　常见植物生长调节剂缩写及中英文对照表

中文	英文	缩写
6-苄氨基嘌呤	6-Benzylaminopurine	6-BA
3-吲哚乙酸	3-Indole acetic acid	IAA
3-吲哚丁酸	3-Indole butyric acid	IBA
6-糠氨基嘌呤（激动素）	6-Furfurylaminopurine（Kinetin）	KT
腺嘌呤（腺素）	Adenine	
氯吡苯脲	Forchlorfenuron	KT-30 CPPU
反玉米素	Trans-zeatin	
塞苯隆	Thidiazuron	TDZ
生物素	Biotin	
α-萘乙酸	1-Naphthylacetic acid	NAA
2,4-二氯苯氧乙酸	2,4-Dichlorophenoxyacetic acid	2,4-D
赤霉素 GA_3	Gibberellic acid	
奈乙酰胺	2-(1-Naphthyl）acetamide	NAD
赤霉素	Gibberellin A4+7	GA4+7（GA4∶GA7=1∶2）